Die Grundgesetze der Wärmestrahlung

und ihre Anwendung auf Dampfkessel mit Innenfeuerung

Von

Ingenieur M. Gerbel

beh. aut. Zivil-Ingenieur und Dampfkessel-Inspektor

Mit 26 Textfiguren

Springer-Verlag Berlin Heidelberg GmbH
1917

ISBN 978-3-662-42257-1   ISBN 978-3-662-42526-8 (eBook)
DOI 10.1007/978-3-662-42526-8

Buchdruckerei W. Hamburger, Wien VI, Mollardgasse 41.

Vorwort.

Die Wärmestrahlung hat die Wärmetechniker in den letzten Jahren mehr beschäftigt als in früherer Zeit. Zum Teil ist dies der besonderen wissenschaftlichen Forscherarbeit, welche hinsichtlich der Strahlungserscheinungen auf allen Gebieten der Physik eingesetzt hat, zuzuschreiben, zum Teil aber auch der allgemeinen Einsicht, daß die durch Strahlung übertragene Wärme mit der fortschreitenden Entwicklung der Feuerungs- und Wärmetechnik eine immer größere Rolle zu spielen berufen ist, was in den eigenartigen Beziehungen, in welchen die Menge der Strahlungswärme zu den Temperaturen der Körper steht, seine Erklärung findet.

Deshalb schien es dem Verfasser zeitgemäß, seine in einer Serie von Artikeln im Jahrgang XL der Zeitschrift der Dampfkesseluntersuchungs- und Versicherungs-Gesellschaft in Wien, Nr. 3—12, unter dem Titel „Wärmestrahlung" veröffentlichten Studien als separate Schrift herauszugeben. Es werden hier die Grundgesetze der Wärmestrahlung in ihrer Anwendung auf ein wichtiges Teilgebiet der Wärmetechnik dargelegt und einige hiehergehörige Probleme als Beispiele rechnerisch verfolgt.

Dafür, ob die Resultate dieser Erwägungen und Berechnungen dem Leser etwas Überraschendes oder nur das Erwartete bieten, kann der Verfasser nicht verantwortlich gemacht werden. Er hatte nur die Absicht, die Dinge darzustellen, wie sie sind, und einen Winkel der Wärmetechnik von einer Seite zu beleuchten, von welcher aus noch nicht viel Licht auf ihn gefallen zu sein schien. Wenn der Leser hierin die Anregung findet, in anderen dunklen Winkeln, deren es auf diesem Gebiete leider noch viele gibt, etwas Licht zu schaffen, so ist der vornehmste Zweck erfüllt, der einer Schrift dieser Art zugeschrieben werden kann.

Wien, 9. Februar 1917.

Inhalts-Verzeichnis.

                                                      Seite

Einleitung 1
A. Die Strahlungskonstante im Stephan-Boltzmannschen Strahlungsgesetz 5
B. Die Winkelfunktion φ 9
C. Die strahlende Rostfläche im innengefeuerten Kessel 19
    I. Die kreisförmige Rostfläche in der stehenden zylindrischen Feuerbüchse 20
    II. Die rechteckige Rostfläche in der Lokomotivfeuerbüchse 44
    III. Die rechteckige Rostfläche im Flammrohr 61

Einleitung.

Es gibt drei Arten von Wärmeübertragung: durch Konvektion, durch Leitung oder Berührung, und durch Strahlung.

Die Wärmeübetragung durch Konvektion ist auf rein mechanische Vorgänge zurückzuführen und besteht ihrem Wesen nach darin, daß die Materie, der die Wärme anhaftet, sich mit der Wärme an eine andere Stelle begibt. Die Wärmeübertragung durch Leitung oder Berührung erfolgt in einem Körper oder in einem Komplex mehrerer Körper, indem die Wärme von einem Punkt zum anderen unter Vermittlung der Masse dieser Körper oder gleichsam längs der Masse dieser Körper wandert. Im Gegensatze hiezu erfolgt die Wärmeübertragung durch Strahlung nur von Oberflächen aus auf Oberflächen.

Die Wärme wandert also gleichsam von einem Körper oder einem Körperteil zu einem anderen durch den die beiden Körper oder die beiden Teile trennenden Raum hindurch, ohne aber notwendigerweise das, was den Zwischenraum erfüllt, Luft, Gas oder irgendwelche andere Materie, zu erwärmen oder sonst zu beeinflussen. Diese Art der Wärmeübertragung erfolgt also durch Vermittlung des Äthers. Sie ist auch in ihrem inneren Wesen die am schwersten verständliche und führt viel eher und viel zwingender als alle anderen Arten der Wärmeübertragung auf das Studium der Verhältnisse der kleinsten Körperteilchen, auf die Molekulartheorie und schließlich auf die Geheimnisse der Ätherschwingungen.

Ebenso wie die theoretisch-physikalische Seite dieser Frage, bietet auch die Ermittlung der durch Strahlung abgegebenen und aufgenommenen Wärmemengen auf dem Wege des Versuches große Schwierigkeiten. Bei den verschiedenen Versuchen, welche zur Ermittlung der durch Strahlung übertragenen Wärmemengen vorgenommen wurden, bestanden die Schwierigkeiten vornehmlich darin, die Wärmeübertragung durch Strahlung von der Wärmeübertragung durch Berührung, Leitung und Konvektion, welch letztere immer als Begleiterscheinungen mit auftreten, abzusondern, um Koeffizienten zu finden, durch welche die typischen Eigenschaften des Materials der strahlenden Körper und ihrer Oberflächenbeschaffenheit charakterisiert sind. Die Verwertung der durch Versuche ermittelten Koeffizienten für verschiedene Fälle der Praxis hat die Schwierigkeit geboten, die Beziehungen zwischen der Temperatur der in Rede stehenden Körperoberflächen und der übertragenen Wärmemenge durch brauchbare Formeln festzulegen und außerdem die verschiedensten geometrischen Verhältnisse der strahlenden Oberflächen zueinander zu berücksichtigen.

Die Kompliziertheit dieser Verhältnisse zeigt sich schon in der wichtigsten prinzipiellen Frage, welcher Art die Abhängigkeit der übertragenen Wärmemenge von der Temperatur ist, und die hier herrschende Unsicherheit zeigt sich am deutlichsten in der großen Zahl und der großen Verschiedenheit der Formeln, welche zur Ermittlung der durch Strahlung übertragenen Wärmemenge von den verschiedenen Forschern angegeben werden. In einer zusammenfassenden Darstellung „Über Wärmedurchgänge und die darauf bezüglichen Versuchsergebnisse" hat Dr. Richard Mollier im Jahre 1897 alles, was bis dahin an Versuchen und empirischen Formeln über Strahlung bekannt und für die Praxis verwertbar war, zusammengestellt. Er erwähnt dort, die auf Grund der ersten Versuche von Dulong und Petit aufgestellte Formel für die Menge der durch Strahlung übertragenen Wärme R

$$R = 500 \cdot z \cdot F \cdot \varphi \cdot (1{,}0077^t - 1{,}0077^{t_1}),$$

er zitiert dann eine von Rosetti auf Grund von Versuchs-

ergebnissen gefundene und unter Berücksichtigung der von Peclet ermittelten Konstanten vervollständigte Formel:
$$R = 0{,}55 \cdot z \cdot F \cdot \varphi \cdot \sigma \cdot \left[\left(\frac{t_1}{100}\right)^2 - 1{,}9\right](t_1 - t_2),$$
schließlich führt er die von Stephan auf Grund zahlreicher Versuche verschiedener Forscher ermittelte Beziehung zwischen der strahlenden Wärme und den Temperaturen der Körperoberflächen an und kleidet sie in die Form:
$$R = 4{,}33 \cdot z \cdot F \cdot \varphi \cdot \sigma \cdot \left[\left(\frac{T_1}{100}\right)^4 - \left(\frac{T_2}{100}\right)^4\right].$$
In diesen Formeln bedeutet nach der Originalbezeichnung Molliers z die Zeit in Stunden, F die Oberfläche des strahlenden Körpers in Quadratmeter, σ eine Konstante, durch welche dem Material des strahlenden Körpers und der Beschaffenheit seiner Oberfläche Rechnung getragen wird, und φ eine von Mollier als „Winkelverhältnis" bezeichnete Ziffer, durch welche ausgedrückt ist, welcher Anteil der gesamten von der Fläche F ausstrahlenden Wärme auf den bestrahlten Körper fällt. Die Temperaturen der beiden Körper sind durch t_1 und t_2 in Celsiusgraden dargestellt, die absoluten Temperaturen der Körper sind mit T_1 und T_2 bezeichnet.

Die Zahl der Formeln für die Wärmestrahlung ist durch die vorstehend angeführten noch lange nicht erschöpft. Für die verschiedensten Verhältnisse sind noch verschiedene andere Beziehungen zwischen der durch Strahlung übertragenen Wärmemenge und der Temperatur aufgestellt worden, wobei sich die Verschiedenheiten nicht nur auf die Konstanten der Formeln beziehen, sondern insbesondere auf die Art der Funktion, durch welche die Abhängigkeit der Wärme von der Temperatur ausgedrückt wird. In der letzten Zeit hat sich die praktische Technik fast ausschließlich für die Verwendung der Stephanschen bzw. der Stephan-Boltzmannschen Strahlungsformel entschieden. Von den übrigen Formeln hat sich nur die vorbezeichnete Rosettische Gleichung als

Näherungsgleichung für manche technische Zwecke noch in der Praxis erhalten. In technisch wissenschaftlichen Abhandlungen ist aber meist nur von der Stephan-Boltzmannschen Formel, die für den absolut schwarzen Körper thermodynamisch begründet erscheint und deren Konstante für eine große Zahl von Körpern durch einwandfreie Versuche bestimmt ist, die Rede. So findet sich in den Mitteilungen über Forschungsarbeiten der letzten Jahre das Stephan-Boltzmannsche Strahlungsgesetz als Grundlage für wichtige Untersuchungen; sie soll auch im folgenden zur Charakterisierung der Beziehung zwischen der übertragenen Wärmemenge und den Temperaturen der Körperoberflächen verwendet werden.

A. Die Strahlungskonstante im Stephan-Boltzmannschen Strahlungsgesetz.

Denken wir uns eine kleine ebene Fläche f von der absoluten Temperatur T_1, ganz umgeben von einer anderen Fläche F von der absoluten Temperatur T_2, so zwar, daß alle Strahlen, welche von der Fläche f ausgehen, die Fläche F treffen, so ist die von der Fläche f auf die Fläche F in der Zeiteinheit gestrahlte Wärmemenge W ausgedrückt durch die Beziehung

$$W = C \cdot f \cdot \left[\left(\frac{T_1}{100}\right)^4 - \left(\frac{T_2}{100}\right)^4\right] \quad \ldots \text{ I}$$

In diesem Falle gelangt jeder von der Fläche f ausgehende Wärmestrahl auf irgend einen Punkt der Fläche F und jedem solchen Wärmestrahl entspricht ein entgegengesetzt verlaufender, der, von der Fläche F ausgehend, auf die Fläche f trifft.

Die Temperatur der beiden Oberflächen und die Größe der strahlenden Fläche f sind durch Messung zu ermitteln, es läßt sich dann die durch Strahlung übertragene Wärmemenge aus dieser Formel berechnen, wenn die Konstante C bekannt ist.

Die Konstante C hängt von den Materialien und der Oberflächenbeschaffenheit der strahlenden und bestrahlten Fläche bzw. von den Strahlungskonstanten der beiden in Rede stehenden Körperoberflächen ab, und zwar ist

$$C = \frac{1}{\frac{1}{c_1} + \frac{1}{c_2} - \frac{1}{c}} \quad \ldots \text{ II}$$

wobei c_1 und c_2 die Strahlungskonstanten der beiden Körperoberflächen und c die Strahlungskonstante des absolut schwarzen Körpers, also gleich 4,61 ist. Aus der Form der Gleichung II folgt, daß die für die Gleichung I in Frage kommende Konstante C gleich ist der Strahlungskonstante des strahlenden Körpers c_1, wenn die bestrahlte Oberfläche absolut schwarz, also $c_2 = c$ ist; umgekehrt ist die Konstante C gleich der Strahlungskonstante c_2, wenn der strahlende Körper absolut schwarz, also seine Strahlungskonstante $c_1 = c$ ist. Wenn zwei absolut schwarze Körperoberflächen sich gegenseitig bestrahlen, also $c_1 = c_2 = c$ ist, so ist die Konstante $C = c = 4,61$. Ist schließlich die strahlende Körperoberfläche von gleicher Beschaffenheit, wie die Körperoberfläche des bestrahlten Körpers, so ist $c_1 = c_2$ und

$$C = \frac{1}{\frac{2}{c_1} - \frac{1}{c}} = \frac{1}{\frac{2}{c_1} - \frac{1}{4,61}}$$

Wamsler hat zu seinen Versuchen zwei Körper von gleicher Oberflächenbeschaffenheit als strahlenden und bestrahlten Körper verwendet und auf diese Weise die Strahlungskonstanten verschiedener Materialien untersucht. Die von ihm gefundenen Konstanten sind die folgenden:

Lampenruß 4,44
Messing, matt 1,03
Kupfer, schwach poliert 0,79
Schmiedeeisen, matt oxydiert 4,4
„ hoch poliert 1,33
Zink, matt 0,97
Gußeisen, rauh, stark oxydiert 4,48
Kalkmörtel, rauh, weiß 4,30

Diese Strahlungskonstanten wurden durch Versuche in einem Temperaturbereiche bis maximum 360⁰ C ermittelt, was Wamsler in der Zusammenfassung seiner Arbeiten ausdrücklich betont. Es sei aber für das Folgende angenommen, daß auch für höhere Temperaturen die Strahlungskonstanten die hier angegebenen Werte besitzen und keine Änderung ihres Wertes mit der Temperatur auftritt, da auch im Temperaturbereich bis

360° ein merklicher Einfluß der Temperatur auf die Größe der Strahlungskonstanten nicht nachweisbar ist.

Um die vorangeführten Formeln I und II an einem Beispiel zu erläutern, sei angenommen, daß eine Fläche f von einem Quadratmeter Größe, eine andere Fläche, welche etwa in Form einer großen Halbkugel sich über sie wölbt, so bestrahle, daß alle von der strahlenden Fläche ausgehenden Strahlen irgend einen Punkt der Halbkugel treffen. Nehmen wir an, daß die strahlende Fläche ein kohlenartiges Material sei, dessen Strahlungskonstante der des Lampenrußes gleich angenommen werden kann, nehmen wir weiters an, daß das Material der über die strahlende Fläche gewölbten Halbkugel beispielsweise Kupfer sei und berechnen wir die von der strahlenden Fläche an die Halbkugel durch Strahlung übertragene Wärmemenge für den Fall, als die absolute Temperatur T_1 der strahlenden Fläche 600° C, 900° C und 1300° C sei, während die absolute Temperatur T_2 der Halbkugeloberfläche immer mit 450° C in Rechnung gesetzt wird, so ist nach den Gleichungen I und II

$$C = \frac{1}{\frac{1}{4{,}44} + \frac{1}{0{,}79} - \frac{1}{4{,}61}} = 0{,}78$$

und es werden,

wenn $T_1 = 600°$ beträgt ... 690 Kalorien
„ $T_1 = 900°$ „ ... 4.780 „
„ $T_1 = 1300°$ „ ... 21.900 „

durch Strahlung übertragen.

Ist die bestrahlte Halbkugel ebenfalls berußt und ist ihre Strahlungskonstante ebenso groß wie die des strahlenden Körpers, so ist in Formel I zu rechnen mit

$$C = \frac{1}{\frac{1}{4{,}44} + \frac{1}{4{,}44} - \frac{1}{4{,}61}} = 4{,}2$$

In diesem Falle sind die durch Strahlung übertragenen Wärmemengen im Verhältnis der Konstanten C größer; und zwar werden,

wenn $T_1 = 600^0$ beträgt ... 3.720 Kalorien
„ $T_1 = 900^0$ „ ... 25.700 „
„ $T_1 = 1300^0$ „ ...108.000 „
durch Strahlung übertragen.

Diese ziffermäßigen Beispiele geben ein beiläufiges Bild über die in Betracht kommenden Wärmemengen und über den Einfluß der Oberflächenbeschaffenheit. Eine Fläche von einem Quadratmeter Größe strahlt bei 1027^0 C auf eine andere, ebenfalls berußte Fläche von -177^0 C eine Wärmemenge von 108.000 Kalorien pro Stunde aus. Gehört aber die bestrahlte Fläche unter sonst gleichen Verhältnissen einem blanken kupfernen Körper an, so ist die durch Strahlung übertragene Wärmemenge nur etwa ein Fünftel so groß. Sind beide Körper aus Kupfer und haben beide blanke Oberflächen, was bei den in Rede stehenden hohen Temperaturen allerdings nicht anzunehmen ist, so ist die durch Strahlung übertragene Wärme gleich einem Zehntel der oben angeführten.

Aus den wenigen ausgerechneten Ziffern geht auch hervor, daß der Einfluß der Temperatur des strahlenden Körpers ein sehr großer ist. Während ein Quadratmeter der strahlenden Fläche bei 600^0 abs., also 327^0 C, bzw. einer Temperaturdifferenz von 150^0 zwischen strahlender und bestrahlter Fläche, eine Wärmemenge von 3720 Kalorien ausstrahlt, beträgt die durch Strahlung übertragene Wärmemenge bei 1300^0 abs., also 1023^0 C, bzw. einer Temperaturdifferenz von 850^0. 108.000 Kalorien, also zirka 30mal soviel.

Es läßt sich demnach mit Hilfe der Formel I, welche als theoretisch erwiesen und praktisch erprobt hingestellt werden kann, die strahlende Wärme für verschiedene Verhältnisse berechnen. Die Formel I enthält aber die wichtige Voraussetzung, daß die strahlende Fläche f von der bestrahlten Fläche F **ganz umgeben** ist; sie gibt also die **ganze** von der Fläche f ausgestrahlte Wärmemenge an.

B. Die Winkelfunktion φ.

Der Fall, daß die Fläche, deren Bestrahlung untersucht werden soll, die strahlende Fläche vollkommen umgibt, tritt in der Praxis sehr selten auf. Es handelt sich meist nur um jene Wärmemenge, welche eine strahlende Fläche von bestimmter Größe auf irgend eine andere in irgend einer Lage zu ihr und in irgend einer Entfernung von ihr gelegene andere begrenzte kleine Fläche strahlt. Hier fallen also auf die bestrahlte Fläche nicht alle von der strahlenden Fläche ausgehenden Strahlen, sondern nur ein Teil derselben; es handelt sich demnach hier um die Ermittlung des sogenannten „Winkelverhältnisses" φ in der aus Gleichung I folgenden allgemeinen Formel für die durch Strahlung übertragene Wärmemenge:

$$W = C \cdot F \cdot \varphi \cdot \left[\left(\frac{T_1}{100}\right)^4 - \left(\frac{T_2}{100}\right)^4\right] \quad \ldots \text{III}$$

Aber auch für den Fall, als die strahlende Fläche von der bestrahlten Fläche ganz umgeben ist, also die ganze ausgestrahlte Wärmemenge auf die Fläche F fällt, sind die gleichen Betrachtungen wie zur Ermittlung des Winkelverhältnisses φ anzustellen, um die Verteilung der Wärme auf der bestrahlten Fläche zu untersuchen, bzw. um zu ermitteln, wie groß die auf jedes einzelne Flächenelement oder auf jede einzelne Flächeneinheit der Fläche F fallende Wärmemenge ist.

Dieses Kapitel der Strahlungslehre ist für die Wärmeübertragung von ebenso großer Wichtigkeit wie für die Fortpflanzung des Lichtes und für andere optische Probleme und es ist sonderbar, daß es in der Wärmelehre fast vollständig, in der Optik bis zu einem gewissen Grad unberücksichtigt gelassen wird. In vielen Lehrbüchern der Physik sind die diesbezüglichen Gesetze der Wärmestrahlung nur in der Weise behandelt, daß auf die bei der Besprechung der Strahlung des Lichtes abgeleiteten Gesetze hingewiesen wird. Nun betreffen aber die meisten für die Praxis wichtigen Probleme der Lichtstrahlung hauptsächlich die Strahlung von strahlenden Punkten oder sind auf die Probleme der **Strahlung von Punkten** zurückzuführen. Die Entfernungen der Lichtquellen von den beleuchteten Flächen sind nämlich in der Regel groß; selbst wenn die Lichtquelle eine Fläche ist, ist ihre Strahlung für die Rechnung ohne großen Fehler als Strahlung eines Punktes zu behandeln, weil die Ausdehnung der strahlenden Fläche im Verhältnis zu den bestrahlten Flächen, ebenso wie die Dimensionen der Lichtquelle zu den Dimensionen des beleuchteten Raumes sehr klein sind. Anders verhält es sich aber mit der Wärmestrahlung. Hier ist gerade in jenen Fällen, welche die Praxis und speziell die Feuerungstechnik interessieren, die strahlende Fläche im Verhältnis zur bestrahlten Fläche nicht so klein, daß erstere gegenüber der letzteren als slrahlender Punkt bezeichnet werden könnte. Auch die Entfernungen der strahlenden und bestrahlten Flächen voneinander sind im Verhältnis zu den Dimensionen der strahlenden Flächen nicht groß. Man begegnet also in der Feuerungstechnik fast ausschließlich jener Art von Strahlung, welche in der Optik als diffuses Licht bezeichnet wird, also der **diffusen** oder, wenn man sagen darf, **flächenhaften Strahlung**. Für diese Art der Strahlung findet sich aber auch in sehr ausführlichen Handbüchern verhältnismäßig wenig.

Für die Strahlung eines Punktes, die nach allen Richtungen in gleicher Weise erfolgt, bietet die Ermittlung des Winkelverhältnisses φ keine besonderen Schwierigkeiten. Um von allen ausgesandten Strahlen den Anteil φ zu ermitteln, der auf eine bestimmte bestrahlte Fläche fällt, ist es nur notwendig, sich um den strahlenden Punkt eine Kugel gelegt zu denken,

Die Winkelfunktion φ.

aus deren Oberfläche der die Fläche bestrahlende Strahlenkegel ein Stück herausschneidet. Das Verhältnis dieses herausgeschnittenen Kugeloberflächenstückes zur halben*) Kugeloberfläche ist das gesuchte Verhältnis φ.

Ein Kegel, dessen Erzeugende mit der Achse den Winkel α einschließt, schneidet aus einer Halbkugel vom Radius r eine Kugelhaube mit der Oberfläche $2\pi r^2 (1-\cos\alpha)$ heraus. Durch den Strahlungskegel wird eine Wärmemenge gestrahlt, welche zu der ganzen ausgestrahlten Wärmemenge im Verhältnis

$$\varphi = \frac{2\pi r^2 (1-\cos\alpha)}{2\pi r^2} = 1 - \cos\alpha$$

steht.

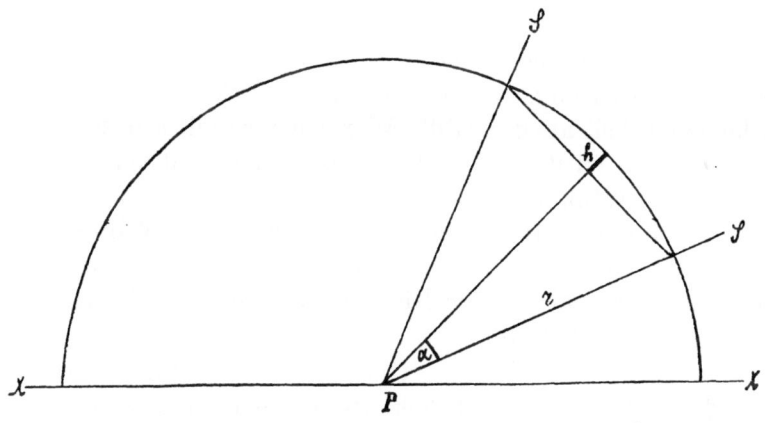

Fig. 1.

Wenn also (s. Fig. 1) ein Punkt P in der üblichen Auffassung der Strahlung eines Punktes nach allen Seiten oberhalb der Ebene xx insgesamt die Wärmemenge i ausstrahlt, so strahlt er innerhalb d s Strahlen-

---

*) Es wird hier die halbe (und nicht die ganze) Kugeloberfläche in Rechnung gesetzt; als ganze von einem Punkt ausgestrahlte Wärmemenge ist jene Wärmemenge zu betrachten, welche er nach einer Seite des Raumes ausstrahlt, wenn man sich den Raum durch eine durch den Punkt gelegte Ebene in zwei Teile geteilt denkt.

kegels SPS die Wärmemenge $i(1-\cos \alpha)$ aus. Diese Wärmemenge verhält sich also zur Gesamtausstrahlung i wie die Höhe h des Kugelabschnittes zum Radius r, denn es ist
$$\frac{h}{r} = \frac{r(1-\cos \alpha)}{r} = 1-\cos \alpha$$

Dieser einfache Fall kann aber für die Ermittlung der Strahlungsverhältnisse, wie sie in der Praxis der Wärmetechnik vorkommen, keine besonderen Aufschlüsse geben, weil, wie erwähnt, die Wärmestrahlen von Flächen ausgehen, welche weder als Punkte, die nach allen Richtungen gleichmäßig strahlen, betrachtet werden können, noch auch aus solchen Punkten bestehen.

Denken wir uns ein kleines Flächenteilchen s, welches Wärme strahle (s. Fig. 2). Dieses Flächenteilchen strahlt nach verschiedenen Richtungen gegen die Normale N verschiedene Wärmemengen aus, und zwar strahlt es nach der Richtung N mehr als nach jeder anderen Richtung. Wenn die in der Richtung N pro Flächeneinheit ausgestrahlte Wärmemenge mit q bezeichnet wird, so wird in einer Richtung, welche mit der Normalen den Winkel α einschließt, die Wärmemenge $q \cdot \cos \alpha$ pro Flächeneinheit ausgestrahlt. Je größer der Winkel α ist, desto kleiner ist die nach dieser Richtung gestrahlte Wärmemenge; die in der Richtung x gestrahlte Wärmemenge ist gleich Null.

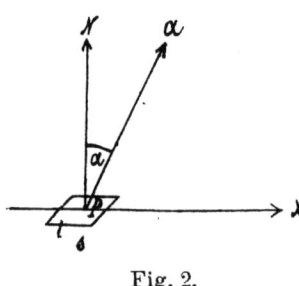

Fig. 2.

Um die Strahlung eines Flächenteilchens rechnerisch und geometrisch zu behandeln, können wir uns die von ihm ausgehenden Strahlen in den Mittelpunkt des Flächenteilchens konzentriert denken, und zwar ist die von ihm ausgestrahlte Wärme gleich der pro Flächeneinheit des Flächenteilchens ausgestrahlten Wärme multipliziert mit der Größe s des Flächenteilchens. Der Punkt strahlt demnach in der Richtung der Normalen

Die Winkelfunktion φ.

die Wärmemenge
$$w = q \cdot s$$
und in einer mit der Normalen den Winkel α einschließenden Richtung die Wärmemenge
$$w \cdot \cos \alpha = q \cdot s \cdot \cos \alpha.$$

Diese Verhältnisse lassen sich graphisch, wie in Fig. 3 dargestellt, versinnbildlichen: Denken wir uns einen Punkt mit flächenhafter Strahlung in P. Er ist der Mittelpunkt des Flächenteilchens s. Durch die Länge PF sei die senkrecht zu s ausgestrahlte Wärmemenge w dargestellt. Legen wir durch P und F mit $PF = w$ als Durchmesser einen Kreis, so schneidet er von irgend einem unter dem Winkel α von P aus gezogenen Strahl ein Stück PF_1 ab. Dieses Stück PF_1 hat die Länge $w \cdot \cos \alpha$, es stellt also die in der Richtung α ausgestrahlte Wärmemenge dar.

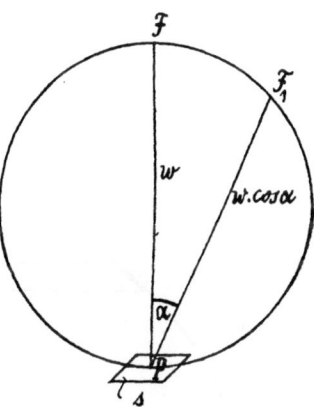

Fig. 3.

Wenden wir uns nun einem Teilchen df einer bestrahlten Fläche zu.

Ein Oberflächenteilchen einer um den flächenhaft strahlenden Punkt gelegten Halbkugel mit dem Radius 1 wird, wenn sie in ihrem Scheitel die Wärmemenge w pro Flächeneinheit empfängt, in irgend einem anderen Punkt, dessen zugehöriger Kugelradius den Winkel α mit der Halbkugelachse einschließt, die Wärmemenge $w \cdot \cos \alpha$ pro Flächeneinheit aufnehmen.

Denken wir uns nun über den flächenhaft strahlenden Punkt eine zweite Halbkugel mit dem Radius r, so ist zu berücksichtigen, daß die Intentität der Bestrahlung verkehrt proportional dem Quadrat der Entfernung vom strahlenden Punkt abnimmt. Es entfällt demnach auf ein in der Richtung α gelegenes Teilchen dieser Halbkugel

Die Winkelfunktion φ.

eine Wärmemenge von
$$\frac{w \cdot \cos \alpha}{r^2}$$
pro Flächeneinheit und auf das Flächenteilchen von der Größe df die Wärmemenge
$$dW = \frac{w \cdot \cos \alpha}{r^2} \cdot df$$

Da nun die auf die Flächeneinheit des Scheitels der Einheitskugel fallende Wärmemenge w nichts anderes ist, als die vom strahlenden Flächenteilchen s in senkrechter Richtung ausstrahlende Wärmemenge qs, so ist
$$dW = \frac{q \cdot s \cdot \cos \alpha}{r^2} \cdot df \quad \ldots \quad \text{IV.}$$

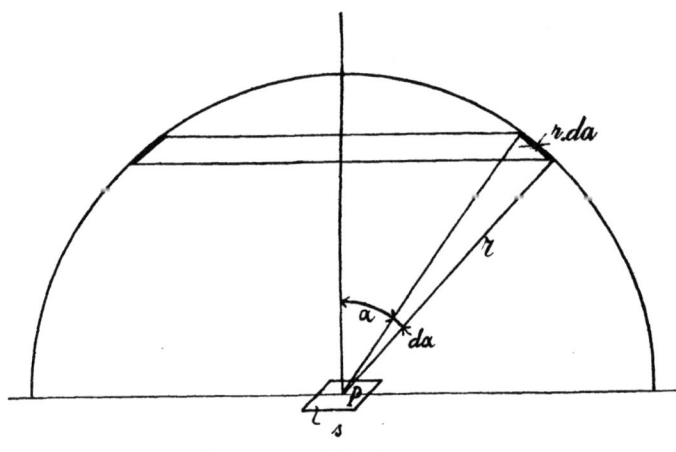

Fig. 4.

Schneidet man nun aus der Kugelfläche eine Zone in der Breite $r\,d\alpha$ heraus (siehe Fig. 4), so ist ihre Mantelfläche
$$df = 2\pi r \cdot \sin \alpha \cdot r\, d\alpha.$$

Setzt man diesen Wert in Gleichung IV ein, so ergibt sich die ganze auf die Kugelzone auffallende Wärmemenge aus
$$dW = 2\pi \cdot q \cdot s \cdot \sin \alpha \cdot \cos \alpha \cdot d\alpha$$
zu
$$W = \pi \cdot q \cdot s \cdot \int \sin 2\alpha \cdot d\alpha.$$

Auf eine **Kugelhaube** fällt daher die Wärmemenge

$$\pi \cdot q \cdot s \cdot \int_0^\alpha \sin 2\alpha \, d\alpha = \frac{1}{2} \pi \cdot q \cdot s \, (1 - \cos 2\alpha) \quad . \quad . \quad \text{V}$$

und auf eine **Halbkugel**

$$W = \pi \cdot q \cdot s \quad . \quad . \quad . \quad . \quad \text{VI.}$$

Aus der letzten Beziehung läßt sich der Wert von q, das ist jene Wärmemenge, welche das strahlende Flächenteilchen s in senkrechter Richtung ausstrahlt, bestimmen, denn W ist die ganze vom Flächenteilchen s nach allen Richtungen ausgestrahlte Wärme. Es ist also

$$W = \pi \cdot q \cdot s = C \cdot s \cdot \left[\left(\frac{T_1}{100} \right)^4 - \left(\frac{T_2}{100} \right)^4 \right]$$

und sonach

$$q = \frac{C}{\pi} \cdot f(t) \quad . \quad . \quad . \quad . \quad \text{VII}$$

worin, wie auch im Folgenden immer, mit der kürzeren Schreibweise $f(t)$ der in der eckigen Klammer stehende Ausdruck bezeichnet wird.

Die von einem strahlenden Flächenteilchen pro Flächeneinheit in senkrechter Richtung ausgestrahlte Wärmemenge ist also gleich der ganzen pro Flächeneinheit ausgestrahlten Wärmemenge geteilt durch π.

Weiters läßt sich hieraus und aus Gleichung V jener Anteil der gesamten von einem Flächenteilchen ausgestrahlten Wärmemenge berechnen, welcher auf eine senkrecht darüber liegende Kugelhaube entfällt. Das Verhältnis zwischen der auf diese Kugelhaube fallenden zur gesamten ausgestrahlten Wärmemenge ist nämlich:

$$\varphi = \frac{1 - \cos 2\alpha}{2}.$$

Für die Strahlung eines gemeinen Punktes («gemeiner» Punkt als kurze Ausdrucksweise im Gegensatze zum flächenhaft strahlenden Punkt) ist der Anteil der Strahlung, der auf eine Kugelhaube entfällt, mit $\varphi = 1 - \cos \alpha$ berechnet worden. Der Unterschied zwischen den beiden Arten der Strahlung zeigt sich aber nicht nur in der Verschiedenheit der Größen von φ, sondern auch darin, daß bei der Strahlung des gemeinen Punktes der Wert von φ für jede Kugelhaube mit dem Zentriwinkel α, welche Lage auch immer ihre Achse haben mag, der gleiche bleibt, während bei der Strahlung des flächenhaft strahlenden Punktes der oben angegebene Wert nur für jene Kugelhaube gilt, deren Achse mit der bevorzugten Richtung zusammenfällt, also auf dem strahlenden Flächenteilchen senkrecht steht. Für eine andere ebenso große Kugelhaube, deren Achse nicht mit der bevorzugten Richtung zusammenfällt, sondern mit ihr den Winkel β einschließt, hat das Winkelverhältnis φ einen anderen Wert, der von dem Winkel β abhängig ist. Und zwar ergibt sich durch eine Rechnung, deren Langwierigkeit hier vermieden werden soll, das Resultat, welches man schneller dem Gefühle nach richtig finden, als rechnungsmäßig kontrollieren wird:

$$\varphi = \cos\beta \cdot \frac{1-\cos 2\alpha}{2}$$

Auf Grund des Vorhergehenden ist es nun möglich, die Wärmemenge zu berechnen, welche von einem strahlenden Flächenteilchen s auf ein kleines Flächenelement df, das irgendwo im Raume liegt, hinfällt, d. h. es kann die Verteilung der Wärme auf einer ebenen Fläche, welche von einem Flächenteilchen s bestrahlt wird, festgelegt werden.

In Fig. 5 sei die Ebene, in der das strahlende Flächenteilchen s bzw. der flächenhaft strahlende Punkt P liegt, mit E bezeichnet. Das bestrahlte Flächenelement df liegt in der Ebene E_1. Der Neigungswinkel der beiden Ebenen E und E_1 sei β. n ist die Normale von P auf die Ebene E_1 und n_1 die Normale vom Mittelpunkt des Flächenteilchens df auf die Ebene E.

Der Strahl S, der von P aus zum Flächenelement df gezogen ist, schließt mit n_1 den Winkel α, mit n den Winkel γ ein.

Die Winkelfunktion φ.

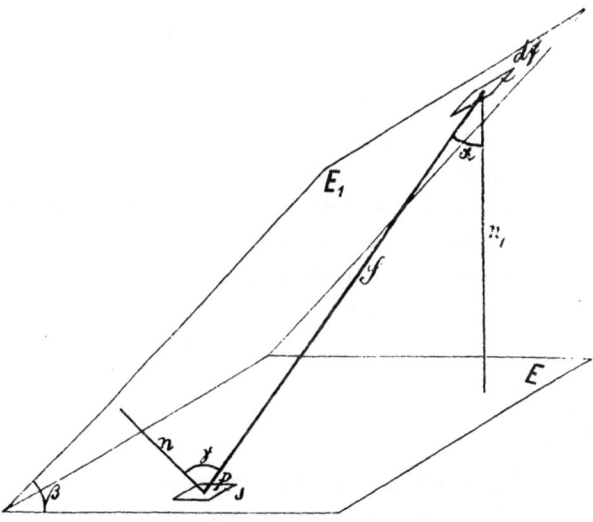

Fig. 5.

Denken wir uns das Flächenteilchen df zunächst so gedreht, daß es auf S senkrecht steht; es würde dann die Wärmemenge

$$\frac{q \cdot s}{S^2} \cdot \cos \alpha \cdot df$$

zugestrahlt erhalten. Da es aber gegen diese Lage um den Winkel γ geneigt ist, empfängt es nur die Wärmemenge

$$dW = \frac{q \cdot s}{S^2} \cdot \cos \alpha \cdot \cos \gamma \cdot df \quad . \quad . \quad \text{VIII.}$$

Nun ist, wie aus Fig. 5 ohne weiteres ersichtlich.
$$n = S \cdot \cos \gamma$$
$$n_1 = S \cdot \cos \alpha$$
so daß sich für die von s auf df gestrahlte Wärmemenge die Beziehung

$$dW = \frac{q \cdot s}{S^4} \cdot n \cdot n_1 \cdot df \quad . \quad . \quad . \quad \text{IX}$$

ergibt.

Um hieraus die Wärmemenge zu berechnen, die von dem Flächenteilchen s auf eine bestimmte endliche Fläche von bestimmter Form fällt, ist der Ausdruck von dW in zweckentsprechender Weise zu integrieren.

Die Winkelfunktion φ.

Nun ist die Wärmemenge, die s bei einer Temperatur T_1 auf eine bestimmte Fläche f von der Temperatur T_2 strahlt, ebenso groß wie die Wärmemenge, die von der Fläche f auf das kleine Flächenteilchen s gestrahlt würde, wenn f die Temperatur T_1 und s die Temperatur T_2 hätte. Daß dem so sein muß, wird man am besten verständlich finden, wenn man die beiden Flächen s und f als gleich heiß annimmt, in welchem Falle die eine Fläche von der anderen gleich viel zugestrahlt erhält, da keine Wärmezunahme oder Abnahme an der einen oder anderen Fläche stattfindet. Es ist also aus Gleichung IX auch zu berechnen, welche Wärmemenge von einer Fläche f von endlicher bestimmter Größe auf ein beliebiges kleines Flächenteilchen s einer anderen Fläche strahlt, und zwar ist diese Wärmemenge

$$W = q \cdot s \cdot \int_0^f \frac{n \cdot n_1}{S^4} \, df \quad \ldots \quad \text{IX}\,a$$

Auf die Flächeneinheit des Flächenteilchens s fällt also die Wärmemenge

$$K = \frac{W}{s} = q \cdot \int_0^f \frac{n \cdot n_1}{S^4} \, df$$

bzw. da auf Grund der früheren Darlegungen der Wert von

$$q = \frac{C \cdot f(t)}{\pi}$$

ist,

$$K = C \cdot f(t) \cdot \frac{1}{\pi} \cdot \int_0^f \frac{n \cdot n_1}{S^4} \cdot df \quad \ldots \quad \text{X}$$

Da nun nach dem eingangs über das Winkelverhältnis φ Gesagten

$$K = C \cdot f(t) \cdot \varphi$$

gesetzt werden kann, ergibt sich

$$\varphi = \frac{1}{\pi} \int_0^f \frac{n \cdot n_1}{S^4} \cdot df \quad \ldots \quad \text{XI}$$

C. Die strahlende Rostfläche im innengefeuerten Kessel.

Wenn von einer strahlenden Fläche f die Wärmemenge $C.f(t)$ pro Quadratmeter ausgestrahlt wird, so fällt auf irgend einen Punkt einer von ihr bestrahlten Fläche die Wärmemenge K pro Quadratmeter, wie sie sich aus Gleichung X berechnen läßt. Diese Wärmemenge pro Quadratmeter steht zu der von der strahlenden Fläche pro Quadratmeter ausgestrahlten Wärmemenge im Verhältnis φ, welches sich aus Gleichung XI ergibt.

Im folgenden sollen nunmehr diese Beziehungen an einigen für die Feuerungstechnik wichtigen Beispielen weiter behandelt werden.

Die Form der strahlenden Flächen, welche für die Probleme der Feuerungstechnik hauptsächlich in Frage kommen, sind, insofern man an die glühende Kohlenschicht auf dem Roste denkt, rechteckige und kreisrunde ebene Flächen. Es kommen zwar in der Feuerungstechnik rechteckige Rostflächen häufiger vor als kreisrunde, um aber in der verhältnismäßig verwickelten mathematischen Behandlung der Frage vom einfacheren zum komplizierteren zu gehen, sei vorerst die kreisrunde Rostfläche, wie sie in stehenden Feuerbüchskesseln üblich ist, als strahlende Fläche betrachtet. Hierauf sollen die Strahlungsverhältnisse der rechteckigen Rostfläche in der Lokomotivfeuerbüchse untersucht werden und schließlich soll die rechteckige Rostfläche im Flammrohr der gleichen Untersuchung unterzogen werden.

I. Die kreisförmige Rostfläche in der stehenden zylindrischen Feuerbüchse.

Von der kreisrunden Rostfläche eines stehenden zylindrischen Feuerbüchskessels wird die Feuerbüchsdecke, welche der Rostfläche parallel ist, und der Feuerbüchsmantel, dessen Flächenteilchen zur Rostfläche senkrecht liegen, bestrahlt. Es handelt sich also um die Wärmemenge, welche von einer strahlenden Kreisfläche f einerseits auf ein Flächenteilchen, das zu ihr parallel ist, anderseits auf ein Flächenteilchen, das auf ihr senkrecht steht, hingestrahlt wird.

In Fig. 6 sei f die strahlende Kreisfläche mit dem Radius R. In dem senkrechten Abstand n liegt das zu f parallele Flächenteilchen s. Seine Lage ist durch den Abstand a seiner Projektion vom Kreisflächenmittelpunkt charakterisiert.

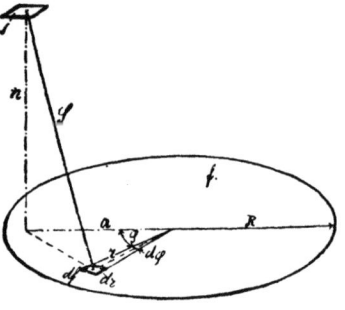

Fig. 6.

Der Radius R und die Längen n und a sind gegeben; es ist jene Wärmemenge zu suchen, die von der Kreisfläche f auf das Teilchen s pro Flächeneinheit gestrahlt wird.

Um diese Wärmemenge zu berechnen, gehen wir von einem kleinen Flächenelement df der Kreisfläche aus. Dieses Element sei in der Entfernung r vom Mittelpunkt gelegen und durch den Winkel φ, den r mit a einschließt, in seiner Lage genau bestimmt. Die Größe dieses Kreisflächenelements sei

$$df = r\, d\varphi\, dr$$

Die kreisförmige Rostfläche.

Setzt man diesen Wert für df sinngemäß in Gleichung X ein und berücksichtigt man, daß, da df und s zueinander parallel sind,
$$n = n_1$$
ist, setzt man ferner, wie sich aus der Fig. 6 ergibt,
$$S^2 = n^2 + a^2 + r^2 - 2\,ar\cos\varphi,$$
so folgt:
$$K = Cf(t) \cdot \frac{n^2}{\pi} \int_0^R r\,dr \cdot \int_0^{2\pi} \frac{d\varphi}{(n^2 + a^2 + r^2 - 2\,ar\cos\varphi)^2}$$

bzw. nach Ausführung der weitläufigen Integration

$$K = Cf(t) \cdot \frac{1}{2}\left[1 - \frac{n^2 + a^2 - R^2}{\sqrt{(n^2 + a^2 + R^2)^2 - 4\,a^2 R^2}}\right] \quad \text{XII}$$

In dieser Gleichung gibt K die Wärmemenge pro Flächeneinheit an, welche von einer Kreisfläche mit dem Radius R auf irgend ein Flächenteilchen s gestrahlt wird, welches in einer zur Kreisfläche parallelen Ebene im Abstand n liegt und sich in der Entfernung a von der Mittelpunktsnormalen der Kreisfläche befindet.

Für den speziellen Fall, als das Teilchen senkrecht über dem Kreismittelpunkte liegt, also $a = 0$ ist, geht Gleichung XII über in

$$K = Cf(t)\frac{R^2}{n^2 + R^2} = Cf(t) \cdot \sin^2\alpha \quad . \quad \text{XII}a$$

worin α den Winkel bezeichnet, den ein von dem Teilchen aus an die Peripherie des strahlenden Kreises gezogener Strahl mit der Normalen auf die Kreisfläche einschließt.

Mit Hilfe der Gleichung XII läßt sich nun auch die Wärmemenge berechnen, die von einer Kreisfläche auf eine zentrisch darüberliegende parallele Kreisfläche, wie in Fig. 7 dargestellt, hinstrahlt.

Die Radien der Kreisflächen seien R und A, ihr senkrechter Abstand voneinander sei n.

Betrachten wir ein ringförmiges Element des oberen Kreises und bezeichnen wir den Durchmesser dieses

Ringes mit a, seine Breite mit da, dann ist seine Fläche $2a\pi . da$. Auf jeden Punkt dieses Ringes strahlt vom Kreise mit dem Radius R die gleiche Wärmemenge K pro Flächeneinheit. Die auf den Ring gestrahlte Wärmemenge ist daher $K.2a\pi.da$. Und für die auf den ganzen Kreis mit dem Radius A gestrahlte Wärmemenge W ergibt sich:

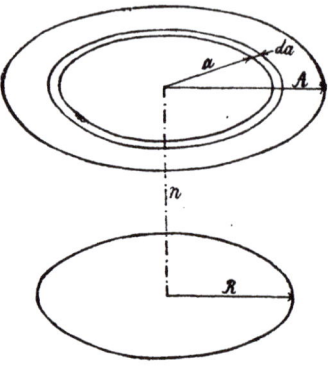

Fig. 7.

$$W = Cf(t) . \pi \int_0^A \left[1 - \frac{n^2 + a^2 - R^2}{\sqrt{(n^2 + a^2 + R^2)^2 - 4a^2 R^2}} \right] a . da$$

Hieraus folgt:

$$W = Cf(t) \frac{\pi}{2} \left[n^2 + A^2 + R^2 - \sqrt{(n^2 + A^2 + R^2)^2 - 4A^2 R^2} \right] \quad \text{XIII}$$

Gleichung XIII gibt also die Wärmemenge an, mit welcher sich zwei parallele, zentrisch im Abstand n sich gegenüberliegende Kreisflächen mit den Radien R und A gegenseitig bestrahlen.

Sind die beiden Kreisflächen gleich groß, also
$$A = R,$$
so ist
$$W = Cf(t) \frac{\pi}{2} \left[n^2 + 2R^2 - n\sqrt{n^2 + 4R^2} \right] \quad \text{XIII}a$$

Auf Grund des Vorhergehenden läßt sich nun die von der kreisrunden Rostfläche auf die kreisrunde Feuerbüchsdecke durch Strahlung übertragene Wärmemenge berechnen. Auf die zylindrische Feuerbüchswand fällt jeweils der Rest, der sich ergibt, wenn von der ganzen vom Rost ausgestrahlten Wärme die auf die Feuerbüchsdecke gestrahlte Wärmemenge abgezogen wird.

Um aber das Problem vollkommen zu lösen und um auch für jeden einzelnen Punkt des zylindrischen

Feuerbüchsmantels die auf ihn fallende Wärmemenge zu berechnen, sei wieder von einem kleinen Teilchen, welches aber jetzt zur strahlenden Kreisfläche senkrecht steht und die in Fig. 8 angedeutete Lage hat, ausgegangen. Der Abstand des Flächenteilchens s von der Ebene des Kreises sei n, der Abstand des Kreismittelpunktes von der Ebene des Flächenteilchens sei a.

Betrachten wir wieder ein Flächenelement der Kreisfläche, dessen Lage durch r und φ bestimmt und dessen Größe $df = r\,d\varphi\,dr$ ist, so gilt für den Abstand n_1 des Flächenelements df von der Ebene des Flächenteilchens s die Beziehung

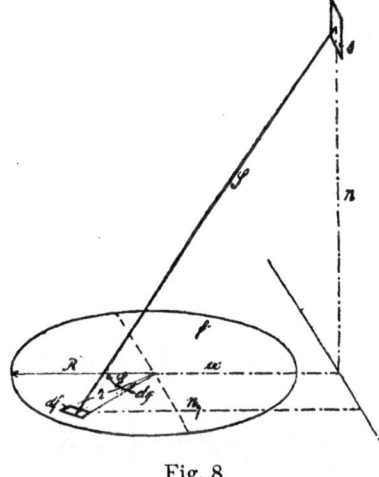

Fig. 8.

$$n_1 = a + r\cos\varphi$$

und für den Strahl S, der von s nach df gezogen wird:
$$S^2 = n^2 + a^2 + r^2 + 2ar\cos\varphi.$$

Infolgedessen schreibt sich Gleichung X für diesen Fall:

$$K = Cf(t) \cdot \frac{n}{\pi} \int_0^R r\,dr \int_0^{2\pi} \frac{(a + r\cos\varphi)\,d\varphi}{(n^2 + a^2 + r^2 + 2ar\cos\varphi)^2}$$

Die Integration ergibt:

$$K = Cf(t) \cdot \frac{n}{2a}\left[\frac{n^2 + a^2 + R^2}{\sqrt{(n^2 + a^2 + R^2)^2 - 4a^2R^2}} - 1\right] \quad \text{XIV}$$

In Gleichung XIV gibt K die Wärmemenge pro Quadratmeter an, welche von einer Kreisfläche mit dem Radius R auf ein Flächenteilchen gestrahlt wird, welches einem senkrechten, zentrisch über ihr stehenden Zylinder mit dem Radius a angehört und in der Höhe n über ihr liegt. Es ist aber zu bemerken, daß diese Gleichung nur für jene Fälle ohne weiteres verwendbar ist, wo der Zylinderradius a gleich oder größer ist als der Radius R des strahlenden Kreises. Ein Flächenteilchen, welches einem Zylinder angehört, dessen Radius kleiner ist als der Radius der strahlenden Kreisfläche, wird nämlich von beiden Seiten bestrahlt und Gleichung XIV gibt für diesen Fall die Differenz zwischen der von der einen und der von der anderen Seite auf das bestrahlte Teilchen fallenden Wärmemenge an. Für die Zwecke der folgenden Berechnungen praktischer Beispiele kommen Fälle dieser Art aber nicht in Betracht, da der Radius der von der kreisrunden Rostfläche bestrahlten Feuerbüchswand naturgemäß nicht kleiner als der Rostflächenradius ist.

Ist der Radius des bestrahlten Zylinders ebenso groß wie der Radius der strahlenden Kreisfläche, also $a = R$, so ist

$$K = Cf(t) \cdot \frac{n}{2R} \left[\frac{n^2 + 2R^2}{n\sqrt{n^2 + 4R^2}} - 1 \right] \quad . \quad \text{XIV}a$$

Aus den Gleichungen XII und XIV läßt sich die Winkelfunktion φ leicht ermitteln. φ gibt, wie eingangs erklärt, das Verhältnis an, in welchem die auf eine Fläche oder auf einen beliebigen Punkt derselben pro Quadratmeter gestrahlte Wärmemenge K zu der von der strahlenden Fläche pro Quadratmeter ausgestrahlten Wärmemenge $Cf(t)$ steht. Da demnach $K = Cf(t) \cdot \varphi$ ist, stellt in den Gleichungen XII und XIV der Ausdruck, der rechts vom Gleichheitszeichen neben $Cf(t)$ steht, das Winkelverhältnis φ dar.

So ist nach Gleichung XII für einen Punkt einer Ebene, die zu der strahlenden Kreisfläche parallel ist, das Winkelverhältnis

$$\varphi = \frac{1}{2} \left[1 - \frac{n^2 + a^2 - R^2}{\sqrt{(n^2 + a^2 + R^2)^2 - 4a^2 R^2}} \right] \quad . \quad \text{XV}$$

worin n, a und R die Bedeutung haben, wie oben bei Gleichung XII erklärt.

Für den über dem Mittelpunkte der strahlenden Kreisfläche gelegenen Punkt der parallelen Ebene, für welchen $a = o$ ist, ist entsprechend der Gleichung XIIa

$$\varphi = \sin^2 \alpha.$$

Für einen Punkt, der einem vertikalen Zylinder angehört und von einer zentrischen Kreisfläche bestrahlt wird, ist nach Gleichung XIV

$$\varphi = \frac{n}{2\,a}\left[\frac{n^2 + a^2 + R^2}{\sqrt{(n^2 + a^2 + R^2)^2 - 4\,a^2\,R^2}} - 1\right] \; . \; \text{XV}\,a$$

Die in den Gleichungen XIII und XIIIa rechts vom Gleichheitszeichen stehenden Ausdrücke, welche die ganze auf die bestrahlte Fläche fallende Wärmemenge angeben, sind außer durch $Cf(t)$, noch durch die Größe der bestrahlten Fläche ($A^2\pi$ für Gleichung XIII, $R^2\pi$ für Gleichung XIIIa) zu dividieren, um die Größe des Winkelverhältnisses φ zu erhalten. Demnach ergibt sich für den Fall, als zwei Kreisflächen sich gegenseitig bestrahlen, das Winkelverhältnis

$$\varphi = \frac{1}{2}\left[\frac{n^2 + R^2}{A^2} + 1 - \sqrt{\left(\frac{n^2 + R^2}{A^2} + 1\right)^2 - 4\frac{R^2}{A^2}}\right] \text{XVI}$$

d. h. wenn eine Kreisfläche mit dem Radius R pro Quadratmeter $Cf(t)$ Kalorien ausstrahlt, so erhält ein paralleler, in der Entfernung n zentrisch darüber liegender Kreis mit dem Radius A eine Wärmemenge von $\varphi \cdot Cf(t)$ Kalorien pro Quadratmeter zugestrahlt.

Sind die beiden Kreise gleich groß, also $A = R$, so ist, wie sich auch aus Gleichung XIIIa ergibt,

$$\varphi = \frac{1}{2}\left[\frac{n^2}{R^2} + 2 - \frac{n}{R}\sqrt{\frac{n^2}{R^2} + 4}\right] \; . \; . \; \text{XVI}\,a.$$

In allen diesen Ausdrücken für φ kommen lediglich die Verhältniszahlen der die Größe und Lage der Flächen und Punkte charakterisierenden Längen vor. Diese Verhältniszahlen sind als trigonometrische Funktionen von Winkeln aufzufassen und leicht darzustellen.

So interessant die weitere Verfolgung dieser Verhältnisse auch ist, sie würde hier zu weit führen. Es genüge nur dieser Hinweis zur Erklärung der Mollierschen Bezeichnung «Winkelverhältnis» für die Verhältniszahl φ.

In der Regel nimmt die Rostfläche den ganzen Querschnitt der Feuerbüchse ein; es ist also der Radius der strahlenden Kreisfläche ebenso groß wie der Radius der bestrahlten Feuerbüchsdecke. Zur Ermittlung der auf die Feuerbüchsdecke gestrahlten Wärme kommt demnach die Formel XIIIa bzw. der daraus abgeleitete Ausdruck in Betracht.

Ist beispielsweise die Höhe der Feuerbüchse doppelt so groß als ihr Radius, also das Verhältnis $n:R=2$, so ist nach Gleichung XVIa
$$\varphi = 3 - \sqrt{8} = 0{,}172,$$
d. h. es entfallen von der Wärmemenge, welche die Rostfläche ausstrahlt, rund 17% auf die Feuerbüchsdecke*). Ist das Verhältnis $n:R$ ein anderes, so ist auch dieser perzentuelle Anteil ein anderer. Je weiter die Feuerbüchsdecke von der strahlenden Rostfläche entfernt ist, je größer also das Verhältnis $n:R$ ist, desto kleiner ist dieser Anteil, und umgekehrt ist er um so größer, je kleiner der Abstand der bestrahlten Decke von der strahlenden Rostfläche ist.

Diese Abhängigkeit des Wertes φ von dem Verhältnis $n:R$ ist in dem Schaubild Fig. 9 dargestellt. Als Abszisse ist dort das Verhältnis $n:R$ aufgetragen, die Ordinaten sind die entsprechenden Werte von φ. Wenn sich also zwei sich gegenseitig bestrahlende Kreisflächen in einer Entfernung voneinander befinden, die 6 mal so groß ist als ihr Radius, so fallen nur zirka 2%, ist ihre Entfernung gleich dem Radius, so fallen 38% der von der einen ausgestrahlten Wärme auf die andere. Rücken die beiden Kreisflächen noch näher aneinander, so wird φ noch größer und nimmt für den Grenzfall, daß beide Flächen unendlich nahe anein-

---

*) Die Feuerbüchsdecke ist hier als voll angenommen, von den Rohrlöchern ist einstweilen abgesehen.

Die kreisförmige Rostfläche.

ander stehen ($n:R=0$), den Wert 1 an, d. h. es fällt dann die ganze von der einen Kreisfläche gestrahlten Wärme auf die andere.

Die Differenz des auf die Decke gestrahlten Anteiles in Prozenten auf 100 gibt den Anteil an, der auf den Feuerbüchsmantel entfällt. Er ist ebenfalls in leicht verständlicher Weise aus dem Schaubild Fig. 9 zu erkennen.

So entfallen bei einer Feuerbüchse, wenn

$n:R=1$ ist, auf die Decke 38%, auf den Mantel 62%
$n:R=1,5$ „ „ „ „ 25%, „ „ „ 75%
$n:R=2$ „ „ „ „ 17%, „ „ „ 83%
$n:R=3$ „ „ „ „ 9%, „ „ „ 91%
$n:R=6$ „ „ „ „ 2%, „ „ „ 98%

der von der Rostfläche ausgestrahlten Wärme. Bei normalen Feuerbüchsen, bei denen die Höhe das Anderthalbfache bis Dreifache des Radius beträgt, ist also die auf den Mantel durch Strahlung übertragene Wärmemenge 3—10mal so groß als die auf die Decke gestrahlte Wärmemenge.

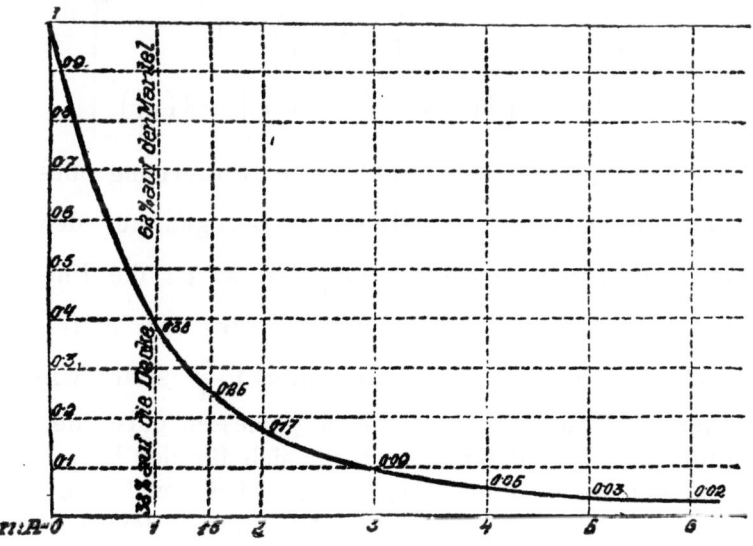

Fig. 9.

Vorstehendes betraf die ganze auf die Feuerbüchsdecke und den Feuerbüchsmantel gestrahlte Wärmemenge. Nun strahlt aber auf jedes einzelne Flächenteilchen der Decke sowie auf jedes Flächenteilchen des Mantels im allgemeinen eine andere Wärmemenge. Nur auf jene Flächenteilchen, welche konzentrisch um den Mittelpunkt der Decke gelegen sind, strahlt jeweils die gleiche Wärmemenge pro Quadratmeter hin, das gleiche gilt von jenen Flächenteilchen des Feuerbüchsmantels, welche in gleicher Höhe über der Rostfläche liegen.

Gleichung XII gibt die Wärmemenge pro Quadratmeter an, die auf ein Flächenteilchen der Feuerbüchsdecke, das sich in der Entfernung a von ihrem Mittelpunkte befindet, gestrahlt wird. Aus der von ihr abgeleiteten Gleichung XV ist der Wert von φ für diesen Punkt der Feuerbüchsdecke zu entnehmen, und zwar wollen wir Gleichung XV, indem wir Zähler und Nenner des Bruches durch R dividieren, in der für die weitere Rechnung geeigneteren Form

$$\varphi = \frac{1}{2}\left[1 - \frac{\left(\frac{n}{R}\right)^2 + \left(\frac{a}{R}\right)^2 - 1}{\sqrt{\left(\left(\frac{n}{R}\right)^2 + \left(\frac{a}{R}\right)^2 + 1\right)^2 - 4\left(\frac{a}{R}\right)^2}}\right]$$

schreiben. $\frac{a}{R}$ bedeutet hierin die Entfernung des Flächenteilchens vom Mittelpunkt bezogen auf den Radius. (Wenn also z. B. $\frac{a}{R} = \frac{1}{4}$ ist, so ist die Entfernung des in Rede stehenden Punktes vom Mittelpunkte gleich ein Viertel des Radius.) $\frac{n}{R}$ stellt wie früher die Höhe der Feuerbüchse gemessen durch den Radius dar. Beispielsweise ergibt sich für den Mittelpunkt der Decke einer Feuerbüchse, bei welcher die Höhe doppelt so groß ist wie der Radius, der Wert von φ aus obiger Gleichung, wenn $n:R = 2$ und $a:R = 0$

gesetzt wird, zu 0,2. Das heißt, auf den Mittelpunkt der Feuerbüchsdecke strahlt eine Wärmemenge pro Quadratmeter, welche gleich ist 20% der von der Rostfläche pro Quadratmeter fortgestrahlten Wärmemenge. Je weiter die Punkte vom Mittelpunkte entfernt liegen, desto weniger Wärme erhalten sie zugestrahlt. Für die Punkte an der Peripherie der Decke, für welche also $a:R=1$ ist, ergibt sich φ zu 0,147; hieher strahlen also pro Quadratmeter rund 15% der vom Rost pro Quadratmeter ausgestrahlten Wärme.

In der Tabelle I sind die Werte von φ für verschiedene Verhältnisse zusammengestellt.

Tabelle I.

	Werte von φ, wenn						
	$\frac{a}{R}=0$	$\frac{a}{R}=\frac{1}{4}$	$\frac{a}{R}=\frac{1}{2}$	$\frac{a}{R}=\frac{3}{4}$	$\frac{a}{R}=1$	$\frac{a}{R}=1^{1}/_{2}$	$\frac{a}{R}=2$
$\frac{n}{R}=\frac{1}{4}$	0,942	0,934	0,904	0,800	0,494	0,037	0,008
$\frac{n}{R}=\frac{1}{2}$	0,800	0,785	0,723	0,592	0,379	0,083	0,022
$\frac{n}{R}=\frac{3}{4}$	0,640	0,621	0,562	0,458	0,325	0,115	0,039
$\frac{n}{R}=1$	0,500	0,485	0,438	0,365	0,276	0,127	0,057
$\frac{n}{R}=1^{1}/_{2}$	0,305	0,299	0,276	0,241	0,200	0,120	0,065
$\frac{n}{R}=2$	0,200	0,195	0,185	0,168	0,147	0,100	0,065
$\frac{n}{R}=3$	0,100	0,098	0,095	0,090	0,084	0,068	0,052
$\frac{n}{R}=5$	0,039	0,038	0,037	0,0365	0,036	0,034	0,029

In der ersten Kolonne sind die Werte von $n:R$, in der ersten Zeile die Werte von $a:R$ angegeben, für welche die Berechnungen durchgeführt sind. Die Tabelle enthält nicht nur jene Verhältnisse, die für die normale Feuerbüchse in Betracht kommen, sondern ist um den Verlauf der Bestrahlungsintensität, die der Wert von φ

charakterisiert, besser zu illustrieren, über dieselben hinaus ausgedehnt. Für normale Feuerbüchsen ist wohl das kleinste vorkommende Verhältnis der Höhe zum Radius, also der kleinste Wert von $n:R = 1,5$. In der Tabelle sind noch kleinere Werte von $n:R$ berücksichtigt. Diese Werte kommen zwar nicht für die Feuerbüchsdecke, wohl aber in Ausnahmsfällen für einzelne Punkte der Querrohre von Feuerbüchskesseln, für die Böden von Field-Rohren u. dgl. in Betracht. Ebenso sind für $a:R$ nicht nur Werte zwischen 0 und 1, sondern auch größere Werte berücksichtigt, wie sie in dem allerdings seltenen Fall, daß die Rostfläche nicht den ganzen Querschnitt der Feuerbüchse einnimmt, auftreten können.

Übersichtlicher als in der Tabelle ist die Bestrahlungsintensität in den einzelnen Punkten der Feuerbüchsdecke aus Fig. 10 zu entnehmen. In dieser Figur sind die in der Tabelle I angegebenen Werte

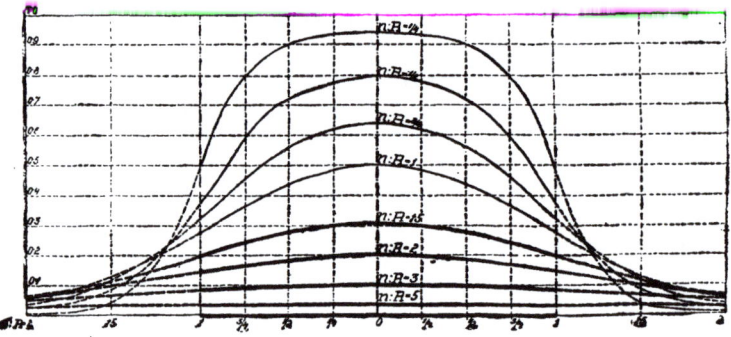

Fig. 10.

graphisch dargestellt. Die Linie 1—1 stellt den Querschnitt durch die Feuerbüchsdecke und Punkt 0 ihren Mittelpunkt dar. Die einzelnen Kurven geben den Verlauf der an den einzelnen Punkten der Feuerbüchsdecke herrschenden Betrahlungsintensität im Verhältnis zu der von der Rostfläche pro Quadratmeter gestrahlten Wärmemenge an. Jede Kurve gilt für ein bestimmtes Höhenverhältnis $n:R$, welches auf der Kurve selbst verzeichnet ist. Die drei den Werten $n:R = 1{,}5$ 2 und 3 entsprechenden Kurven beziehen sich auf die untere Grenze, das Mittel und die obere Grenze von Höhenverhältnissen normaler Feuerbüchsen. Ihr Verlauf ist verhältnismäßig flach, während die Kurven, welche abnormal kleinen Höhenverhältnissen entsprechen, von der Mittellinie gegen den Rand steiler abfallen.

Demnach ergibt sich aus der Tabelle und dem Schaubild, daß bei normalen Feuerbüchsen ($n:R = 1{,}5$ bis 5) die auf die einzelnen Punkte der Decke gestrahlten Wärmemengen verhältnismäßig wenig differieren. Je höher die Feuerbüchse ist, desto gleichmäßiger ist die von der Rostfläche gestrahlte Wärme auf der Decke verteilt.

Für eine Feuerbüchse niederer Bauart, für welche die Kurve $n:R = 1{,}5$ gilt, ist die Bestrahlung der Decke an der Peripherie nur um 30% geringer als in der Mitte. Bei höheren Feuerbüchsen ist die Differenz noch kleiner. Ist die Höhe der Feuerbüchse dreimal so groß wie der Radius ($n:R = 3$), so strahlt pro Quadratmeter auf den Mittelpunkt 10%, auf einen Punkt am äußersten Rand 8,4% der pro Quadratmeter von der Rostfläche gestrahlten Wärmemenge. Es fällt also auf alle Punkte der Decke nahezu die gleiche Wärme hin.

Anders verhält es sich aber bezüglich des Feuerbüchsmantels.

Gleichung XIV bzw. XIVa gibt die Wärmemenge pro Quadratmeter an, die auf die Punkte des Feuerbüchsmantels, welche in der Höhe n über dem Roste liegen, hinstrahlt. Wenn der Feuerbüchsdurchmesser dem Rostdurchmesser gleich ist, kommt Gleichung XIVa in Betracht, woraus sich in der bereits im früheren benützten, für die Berechnung geeigneteren Form

$$\varphi = \frac{1}{2}\cdot\frac{n}{R}\left[\frac{\left(\frac{n}{R}\right)^2+2}{\frac{n}{R}\sqrt{\left(\frac{n}{R}\right)^2+4}}-1\right]$$

ergibt. Aus dieser Gleichung folgt zunächst für alle jene Punkte der Feuerbüchse, für welche $n=0$ ist, (das sind Punkte, welche in der Ebene der strahlenden Fläche, demnach in der Höhe der glühenden Kohlenschichte liegen) $\varphi = 0{,}5$. Das heißt, dort strahlt pro Quadratmeter eine Wärmemenge hin, welche 50% der von der Feuerfläche pro Quadratmeter ausgestrahlten Wärmemenge gleich ist. An Stellen des Feuerbüchsmantels, welche höher liegen, ist die Bestrahlung geringer. In einer Höhe, welche gleich ist dem Feuerbüchsradius ($n:R=1$), ist die Bestrahlung nur 17%, in einer Höhe gleich dem doppelten Feuerbüchsradius ($n:R=2$) ist die Bestrahlung nur mehr zirka 3% der von der Rostfläche pro Quadratmeter ausgestrahlten Wärmemenge.

Durch die Kurve Fig. 11 ist der Verlauf der Bestrahlungsintensität längs der Erzeugenden des Feuerbüchsmantels dargestellt; die Ziffern an der Kurve geben den Wert von φ in den betreffenden Höhen über den Rostflächen an. Aus diesem Bilde ist zu ersehen, wie verschieden die Bestrahlung in den einzelnen Schichten eines Feuerbüchsmantels ist: eine Feuerbüchse, deren Höhe dreimal so groß ist wie ihr Radius, wird ganz oben mit nur 2,5%, ganz unten mit 50% der von der Rostfläche pro Quadratmeter ausgestrahlten

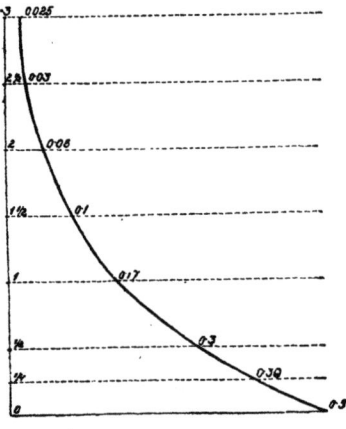

Fig. 11.

Wärme bestrahlt; die Bestrahlung beträgt also oben nur ein Zwanzigstel der Bestrahlung an der tiefsten Stelle.

Die vorhergehenden theoretischen Erwägungen und Berechnungen ermöglichen nunmehr, die Verteilung der Wärme auf den einzelnen Teilen der Heizfläche eines stehenden zylindrischen Feuerbüchskessels genau darzustellen.

Fig. 12 stellt einen stehenden Röhrenkessel mit stehender zylindrischer Feuerbüchse dar. Er hat eine Heizfläche von 9 qm und ist für 6 Atm. Spannung konzessioniert. Seine Feuerbüchse hat einen Durchmesser von 800 mm und eine Gesamthöhe von 900 mm, von welcher aber nur der Abstand der Feuerbüchsdecke von der strahlenden Brennmaterialschicht in Betracht kommt; dieser Abstand beträgt beiläufig 800 mm. Der Rost ist kreisförmig, sein Durchmesser ist praktisch gleich dem Durchmesser der Feuerbüchse, seine Fläche ist 0,5 qm; das für die Rechnung wichtige Verhältnis $n:R$ ist gleich 2.

Auf dem Roste werden 100 kg Kohle von 6000 Kal. pro Quadratmeter und Stunde, also 50 kg im ganzen pro Stunde, verbrannt. Die Verbrennung erfolgt mit 9% Kohlensäuregehalt der Gase, entsprechend einer etwa zweifachen Luftzufuhr und einer Gaserzeugung von 20 kg pro Kilogramm Kohle.

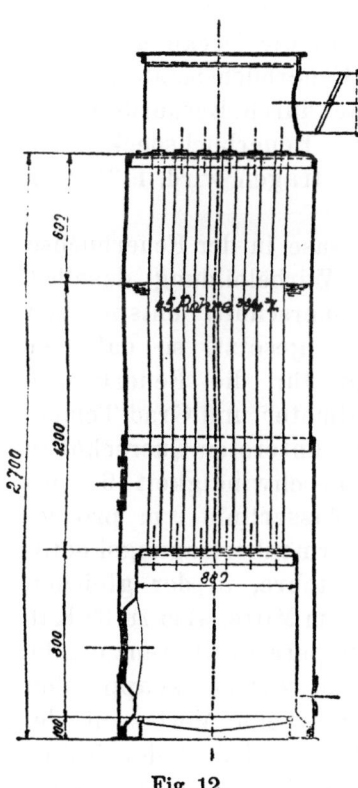

Fig. 12.

Die Verbrennungstemperatur beträgt unter diesen Verhältnissen 1000° C. Bei dieser Temperatur strahlt die Rostfläche von 0,5 qm Größe 50.000 Kal. auf die Heizfläche, die 180° C warm ist, und in den Gasen sind 250.000 Kal. enthalten. Es wird also von den 300.000 Kal., die durch Verbrennung von 50 kg Kohle pro Stunde auf dem Rost erzeugt werden, ein Sechstel fortgestrahlt und fünf Sechstel sind in den den Rost verlassenden Gasen enthalten.

Von der von der Rostfläche ausgestrahlten Wärmemenge von 50.000 Kal. entfallen, wie sich beim Höhenverhältnis der Feuerbüchse ($n : R = 2$) aus Fig. 9 ergibt, 17%, das sind 8500 Kal., auf die Decke und 83%, das sind 41.500 Kal., auf den Feuerbüchsmantel.

Die Wärmemenge, welche durch Berührung und Leitung von den Gasen an die Feuerbüchsdecke, den Mantel und die Feuerrohre übertragen wird, läßt sich, wie folgt, berechnen.

Die Geschwindigkeit der Gase in der Feuerbüchse sei mit Rücksicht auf die Wirbelbildung daselbst doppelt so groß, als dem Querschnitt entsprechen würde, mit 4 m in Rechnung gesetzt, so daß der Wärmeübertragungskoeffizient für die Feuerbüchse $2 + 10\sqrt{4} = 22$ Kal. pro Quadratmeter und Grad Temperaturdifferenz beträgt. In dem untersten Querschnitte der Feuerrohre beträgt die Gasgeschwindigkeit 16 m pro Sekunde, in der Höhe der Wasserlinie 9 m pro Sekunde, wonach sich der Wärmeübertragungskoeffizient beim Durchströmen der Rohre, in der gleichen Weise, unten zu 42, oben zu 32, im Mittel also zu 37 Kal. pro Quadratmeter und Grad Temperaturdifferenz ergibt.

Die Temperatur der Gase, welche knapp über dem Roste 1000° C beträgt, ist beim Verlassen der Feuerbüchse, also in den untersten Teilen der Rohre, 840° C. Oben beim Verlassen der wasserbenetzten Kesselheizfläche haben die Gase nur mehr eine Temperatur von 410° C.

Auf diese Weise berechnet sich die durch Berührung und Leitung an die Feuerbüchse abgegebene Wärmemenge zu 8000 Kal. für die Decke und 32.000 Kal. für den Mantel, insgesamt also zu 40.000 Kal., während die Gase auf dem Wege durch die Rohre 107.000 Kal. an die Heizfläche abgeben.

Die Wärmemenge, welche durch Strahlung an die Feuerbüchse übertragen wird (50.000 Kal. pro Stunde), ist also um 25% größer als die durch Berührung und Leitung von den Gasen in der Feuerbüchse abgegebene Wärmemenge.

Insgesamt werden durch Strahlung, Berührung und Leitung 197.000 Kal. abgegeben, während mit den abziehenden Essengasen von 410° C zirka 103.000 Kal., also 34,4% verloren gehen.

Zusammengefaßt ergibt sich folgendes Bild:

Von der auf dem Rost in der Stunde entwickelten Wärmemenge von 300.000 Kal. werden übertragen:

I. durch Strahlung
a) an die Feuerbüchsdecke   8500 Kal. (2,8%)
b) an den Feuerbüchsmantel 41.500 Kal. (13,8%)   50.000 Kal. (16.6%)

II. durch Berührung und Leitung
a) an die Feuerbüchsdecke   8000 Kal. (2,6%)
b) an den Feuerbüchsmantel 32.000 Kal. (10,7%)
c) an die Feuerröhren   107.000 Kal. (35,7%) 147.000 Kal. (49,0%)

zusammen . . 197.000 Kal. (65,6%)
entweichen mit den Essengasen . 103.000 Kal. (34,4%)
300.000 Kal. (100,0%)

Aber auch von den ausgewiesenen 65,6%, die von der Rostfläche ausgestrahlt und von den Gasen durch Berührung und Leitung übertragen werden, wird nicht alles nutzbar verwendet. Ein Teil der vom Roste fortgestrahlten Wärmemenge fällt auf die Heiztür und gelangt, wenn die Heiztür geschlossen ist, durch Leitung und Weiterstrahlung an die Außenluft; die auf diese Weise verlorengehende Wärmemenge ist aber gering, da die Heiztüren in der Regel doppelwandig sind und im übrigen eine im Verhältnis zur ganzen Feuerbüchse kleine Oberfläche haben. Größer wird dieser Verlust, wenn die Feuertür geöffnet ist. Wie sich auf Grund der vorhergehenden Ausführungen berechnen läßt, beträgt die durch die Feuertüröffnung pro Quadratmeter nach außen strahlende Wärmemenge etwa 30% der pro Quadratmeter von der Rostfläche ausgestrahlten Wärmemenge, so daß durch eine Feuertüröffnung von 0,06 qm Größe im vorliegenden Fall eine Wärmemenge von zirka $0{,}06 \times 0{,}3 \times 100.000 = 1800$ Kal. pro Stunde entweichen würde. Aber auch der hiedurch hervorgerufene Verlust fällt wenig in Betracht, da ja die Heiztür nur verhältnismäßig sehr kurze Zeit offen bleibt.

Ein weiterer Teil der vom Rost ausgestrahlten Wärme strahlt durch die Feuerrohre hindurch, ohne auf die Heizfläche aufzutreffen. Zwar fällt ein Teil der durch die Löcher in der Feuerbüchsdecke hindurchstrahlenden Wärme noch auf die Wandungen der Rohre, einzelne Wärmestrahlen aber, welche von den senkrecht unter den Löchern befindlichen Flächenteilchen herrühren und senkrecht nach aufwärts verlaufen, gehen für die Dampfbildung verloren. Dieser Verlust an strahlender Wärme beträgt, wie ebenfalls auf Grund des Vorhergehenden berechnet werden kann, für den vorliegenden Fall nur 100 Kal. pro Stunde.

Von der durch Berührung und Leitung von den Gasen abgegebenen Wärmemenge von 147.000 Kal. gelangt nahezu alles durch die Heizfläche in das Wasser. Nur bezüglich des kleinen Flächenstückchens, welches die Heiztür einnimmt, wäre eine Ausnahme zu machen. Es leuchtet aber ein, daß auch hier bloß von einem

Die kreisförmige Rostfläche. 37

verschwindend kleinen Verluste gesprochen werden kann, da, wie erwähnt, die Fläche an und für sich sehr klein und durch die doppelte Wand, deren innere

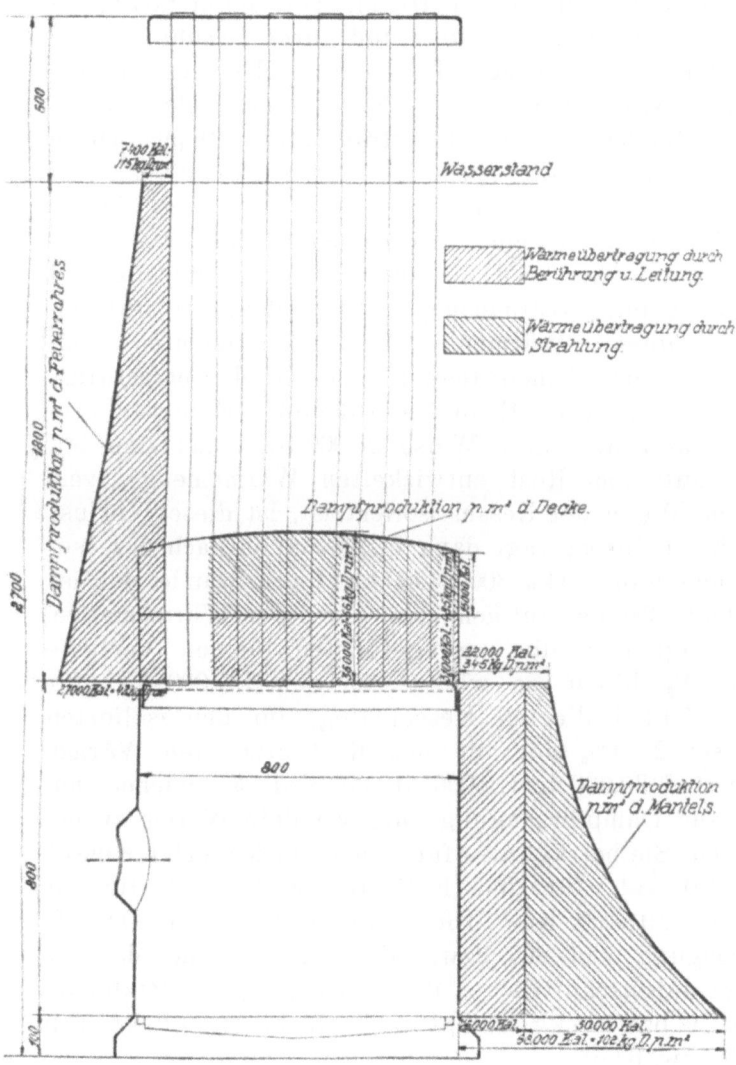

Fig. 18.

Seite verhältnismäßig heiß ist, bloß eine minimale Wärmeübertragung erfolgt.

Dahingegen geht von der ins Wasser gelangten Wärmemenge ein beträchtlicher Teil durch Strahlung des äußeren Kesselmantels und durch Berührung und Leitung an die Außenluft verloren. Die gesamte für diesen Wärmeverlust in Frage kommende äußere Mantelfläche des Kessels beträgt zirka 10 qm. Diese Oberfläche strahlt, wenn sie nicht isoliert ist, bei einer Temperatur von zirka 150° C in einem Raume von etwa 20° C eine Wärmemenge von 10.000 Kal. pro Stunde aus und überträgt durch Berührung und Leitung eine Wärmemenge von beiläufig 16.000 Kal. (mit einem Wärmeübertragungskoeffizienten von 12 Kal. pro Quadratmeter und Grad Temperaturdifferenz gerechnet) an die Außenluft. Es gehen also insgesamt auf diese Weise 26.000 Kal., das sind 9%, der auf dem Rost entwickelten Wärmemenge, verloren. Wenn der Kessel isoliert ist, ist dieser Verlust geringer; er beträgt dann insgesamt je nach der Isolierung bloß zirka 3000—9000 Kal. pro Stunde, das ist zirka 1—3% der auf dem Rost erzeugten Wärmemenge.

Fügt man die vorangeführten kleinen Verluste mit 1% hinzu, so wären von den 197.000 Kal. für den nicht isolierten Kessel 10%, für den isolierten Kessel 2—4% der auf dem Rost erzeugten Wärme, das sind 30.000 bzw. 6000—12.000 Kal., abzuziehen, um die zur Dampferzeugung aufgewendete Wärme zu erhalten. Sie beträgt also für den nicht isolierten Kessel 167.000 Kal., für den isolierten Kessel günstigsten Falles 191.000 Kal. Dies entspricht einer Dampferzeugung von 260 bzw. 300 kg pro Stunde, das ist einer durchschnittlichen Beanspruchung der Heizfläche mit 29 bzw. 33 kg Dampf und einem Nutzeffekt von 55,6 bzw. 63,6%.

Die Wärmebilanz für diese Verhältnisse stellt sich demnach, wie folgt:

	ohne Isolierung	gut isoliert
Nutzeffekt	55,6%	63,6%
Verlust durch Leitung und Strahlung nach außen . .	10,0%	2,0%
Verlust durch die Essengase	34,4%	34,4%

Zur Vervollständigung des Bildes ist noch darzulegen, wie sich die auf die Feuerbüchsdecke, den Feuerbüchsmantel und die Feuerrohre entfallende Wärmemenge bzw. die Dampfproduktion auf die einzelnen Punkte dieser Kesselteile verteilt. Diese Verteilung ist in dem graphischen Bilde Fig. 13 dargestellt. Wie aus dem Graphikon ersichtlich, findet die stärkste Wärmeübertragung, daher also die größte Dampfentwicklung an der untersten Stelle des Feuerbüchsmantels statt; dort werden 102 kg Dampf pro Quadratmeter erzeugt. In der Mitte der Feuerbüchsdecke, an welcher Stelle man vielleicht den Ort der stärksten Dampfproduktion anzunehmen geneigt wäre, ist die Dampfbildung nur zirka halb so groß; dort werden 56 kg Dampf pro Quadratmeter erzeugt. Wie die Dampfproduktion pro Quadratmeter des Mantels von unten nach oben und pro Quadratmeter der Decke von der Mitte gegen den Rand zu abnimmt, ist durch die Kurven klar versinnbildlicht. Die auf die betreffenden Teile der Heizfläche fallende Wärmemenge ist in die beiden Teile «Berührung und Leitung» und «Strahlung» geteilt und durch verschiedene Schraffierung kenntlich gemacht.

Die Dampfproduktion pro Quadratmeter der Feuerrohre beträgt an der untersten Stelle 43 kg pro Quadratmeter. Hiebei muß aber bemerkt werden, daß dies nur jene Wärmemenge ist, welche durch Berührung und Leitung dort übertragen wird. Die geringe zusätzliche Wärmemenge, welche durch Strahlung vom Roste her auf die einzelnen Punkte der Feuerrohre noch entfällt, ist hiebei nicht berücksichtigt. Der letzte Teil der Heizfläche der Feuerrohre in der Gegend der

Wasserlinie liefert noch 11½ kg Dampf pro Quadratmeter, was der hohen Abgangstemperatur der Essengase von 410° C entspricht.

Die über den stehenden Feuerbüchskessel gemachten Annahmen sind durchweg als normale Verhältnisse zu bezeichnen. Dies gilt besonders von der Beanspruchung seiner Rostfläche mit 100 kg Kohle von 6000 Kal. und der Verbrennung mit 20 kg Gas pro Stunde. Infolgedessen ist das Bild Fig. 13 mit den den Verlauf der Dampfproduktion an den verschiedenen Punkten charakterisierenden Kurven als typisch für einen solchen Kessel unter normalen Feuerungsverhältnissen anzusehen. Wesentlich und von dem, was man blindlings meinen könnte, verschieden ist der Verlauf der Dampfproduktion an den verschiedenen Stellen der Feuerbüchse mit dem Maximum an der tiefsten Stelle des Feuerbüchsmantels.

Gerade diese Eigentümlichkeit ändert sich aber für den Fall, als ein solcher Kessel mit einer Rostfläche versehen wird, die kleiner ist als der Querschnitt der Feuerbüchse. In diesem Fall ist nämlich die Wärmemenge, die auf die Punkte des Mantels in der Ebene der Rostfläche fällt, gleich 0 und das Maximum der Strahlungsintensität liegt höher. Wenn z. B. die Feuerbüchse von 800 mm Durchmesser mit einem Rost versehen ist, der bloß 560 mm Durchmesser hat, so strahlt diese Rostfläche mit der größten Intensität auf jene Punkte des Feuerbüchsmantels, welche zirka 150 mm über der Rostebene liegen.

Fig. 14 zeigt die Wärmeverteilung bzw. die Dampfproduktion auf der Heizfläche des gleichen Kessels wie früher behandelt mit dem Unterschied, daß der kreisförmige Rost hier nur halb so groß ist wie dort (er hat 560 mm Durchmesser entsprechend 0,25 qm). Seine Beanspruchung und die Verbrennungsverhältnisse sind aber ganz die gleichen wie früher. Natürlich ist die an die Heizfläche abgegebene Wärmemenge,

Die kreisförmige Rostfläche.

da die verfeuerte Kohlenmenge nur halb so groß ist, in Kalorien geringer, perzentuell gelangt aber eine größere Wärmemenge an die Heizfläche, und zwar ergibt sich für diesen Fall folgendes Bild:

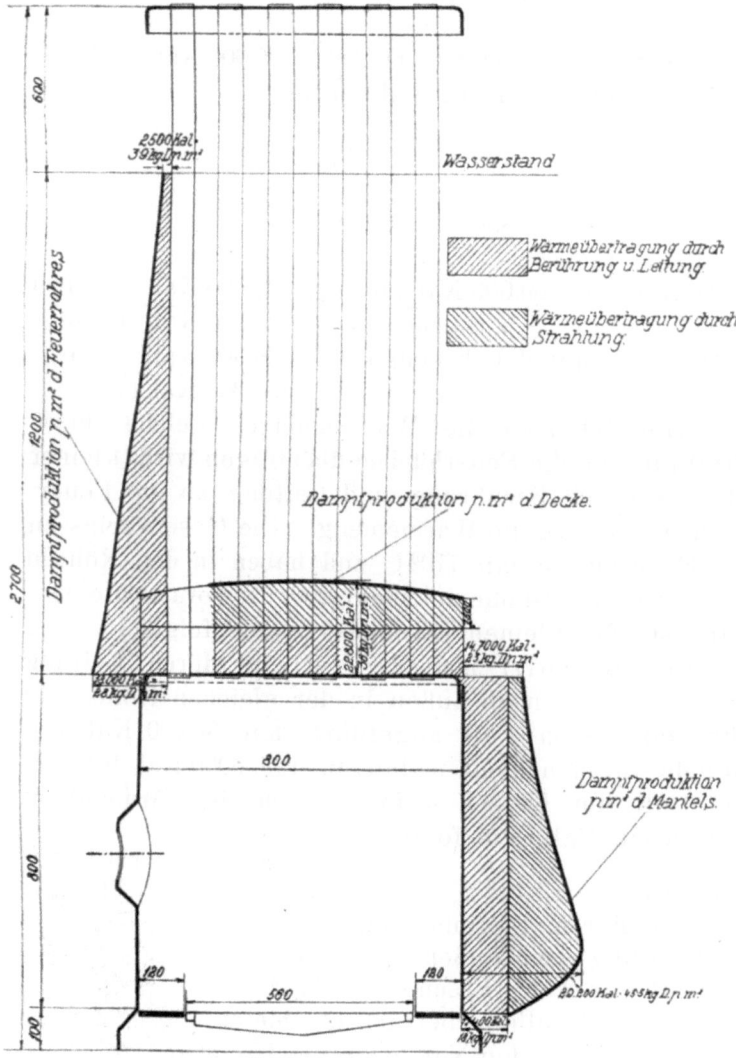

Fig. 14.

Von der auf dem Rost in der Stunde entwickelten Wärmemenge von 150.000 Kal. werden übertragen:

I. durch Strahlung
a) an die Feuer-
 büchsdecke   4500 Kal. (2.8%)
b) an den Feuer-
 büchsmantel 20.500 Kal. (13,6%)   25.000 Kal. (16,6%)

II. durch Berührung und Leitung
a) an die Feuer-
 büchsdecke   5700 Kal. (3,8%)
b) an den Feuer-
 büchsmantel 22.800 Kal. (15,2%)
c) an die Feuer-
 röhren   60.000 Kal. (40,0%)   88.500 Kal. (59,0%)
  zusammen . . 113.500 Kal. (75,6%)
entweichen mit den Essengasen . 36.500 Kal. (24,4%)
              150.000 Kal. (100,0%)

Hier ist also die Wärmemenge, welche durch Strahlung an die Feuerbüchse übertragen wird, kleiner als die durch Berührung und Leitung an die Feuerbüchse übertragene Wärmemenge. Die Gase verlassen die Feuerbüchse mit 770° C und haben in den Röhren in Wasserstandshöhe nur mehr 290° C, woraus die verhältnismäßig kleinen Essengasverluste folgen.

Berücksichtigt man die Verluste durch Leitung und Strahlung nach außen in der gleichen Höhe, wie für den ersten Fall angeführt, mit 30.000 Kal. pro Stunde für den nicht isolierten und 6000 Kal. für den gut isolierten Kessel, so ergibt sich die Wärmebilanz für diesen Fall, wie folgt:

	ohne Isolierung	gut isoliert
Nutzeffekt	55,6%	71,6%
Verlust durch Leitung und Strahlung nach außen . .	20,0%	4,0%
Verlust durch die Essengase	24,4%	24,4%

Für sich allein betrachtet, bieten diese Ziffern einen Beleg für den Nutzen guter Isolierung und enthalten in dieser Richtung prinzipiell nichts Unerwar tetes: der Verlust durch Leitung und Strahlung wird durch die Isolierung verringert und die Verringerung dieses Verlustes kommt dem Nutzeffekt zugute. Und zwar beträgt die Verbesserung des Nutzeffektes durch gute Isolierung gegenüber gar keiner Isolierung im vorliegenden Fall 16%, was einer Kohlenersparnis von nahezu 30% entspricht.

Vergleicht man aber die Posten dieser mit den entsprechenden Posten der vorangeführten Bilanz, so treten verschiedene Eigentümlichkeiten zutage; der gleiche stehende Feuerbüchskessel von 9 qm Heizfläche, das eine Mal mit einer Rostfläche von 0,5 qm, das andere Mal mit einer Rostfläche von 0,25 qm versehen, arbeitet bei der gleichen Rostflächenbeanspruchung und den gleichen Verbrennungsverhältnissen, wenn er nicht isoliert ist, in beiden Fällen mit einem Nutzeffekt von 55,6%, wobei die Heizfläche im ersteren Fall 29 kg, im zweiten Fall 14,5 kg Dampf pro Quadratmeter und Stunde erzeugt; die Essengasverluste sind bei der kleineren Heizflächenbeanspruchung zwar kleiner, diese Verringerung der Essengasverluste wird aber durch die perzentuell um ebensoviel größeren Verluste durch Leitung und Strahlung aufgewogen.

Wären diese Ziffern nicht das Ergebnis einer Rechnung, deren Gang man immer wieder verfolgen und die man jederzeit wieder überprüfen kann, so würde man sie wahrscheinlich ebenso mißtrauisch ansehen wie die Resultate eines Versuches, bei welchem sich bei verschiedener Beanspruchung der Heizfläche und im übrigen ganz gleichen Verhältnissen der Nutzeffekt nicht ändert, dahingegen die Essengasverluste wesentlich kleiner und die nicht nachgewiesenen Verluste um ebensoviel größer werden.

Ist aber der Kessel isoliert, so kommt die Verringerung der Essengasverluste zum größten Teile dem Nutzeffekt, der von 63,6% auf 71,6% steigt, zugute, was einer Kohlenersparnis von zirka 15% entspricht.

II. Die rechteckige Rostfläche in der Lokomotivfeuerbüchse.

In der Lokomotivfeuerbüchse strahlt die rechteckige Rostfläche einerseits auf die Decke, anderseits auf die Feuerbüchswände; hier bestrahlen sich also Flächen rechteckiger Form. Die Feuerbüchsdecke ist in der Regel zur Rostfläche parallel, so daß die Feuerbüchse ein rechtwinkliges Parallelepiped darstellt, dessen Basis die Rostfläche ist. Bei manchen Lokomotivfeuerbüchsen verläuft aber die Rostfläche von vorn nach rückwärts fallend, ist also gegen die Feuertürwand unter stumpfem, gegen die Rohrwand unter spitzem Winkel geneigt und nicht parallel zur Decke. Die Abweichung der Rostfläche von der Horizontalen ist aber meist gering.

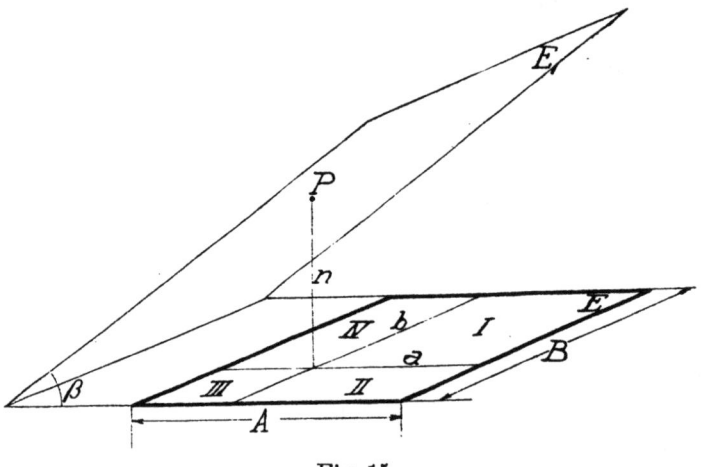

Fig. 15.

In der allgemeinen Form des Problems handelt es sich also um die Wärmemenge, welche von einem strahlen-

Die rechteckige Rostfläche in der Lokomotivfeuerbüchse.

den Rechteck auf ein Flächenteilchen, das einer gegen das Rechteck geneigten Ebene angehört, gestrahlt wird. In der Skizze Fig. 15 liegt das strahlende Rechteck in der Ebene E; es hat die Seitenlängen A und B. Die Lage des winzig kleinen bestrahlten Teilchens sei durch den Punkt P in der Ebene E_1, welche gegen die Ebene E um den Winkel β geneigt ist und deren Schnittlinie mit E zur Seite B des Rechteckes parallel ist, dargestellt.

Dieses Problem läßt sich auf das einfachere Problem, bei welchem das bestrahlte Teilchen über einem Eckpunkt des strahlenden Rechteckes liegt, zurückführen, denn die auf das Flächenteilchen von dem Rechteck AB gestrahlte Wärmemenge setzt sich zusammen aus den vier Wärmemengen, welche von den vier Rechtecken I, II, III und IV, in welche das Rechteck AB zerfällt, darauf gestrahlt werden. Es ist also die Aufgabe zu lösen: welche Wärmemenge strahlt von einem Rechteck mit

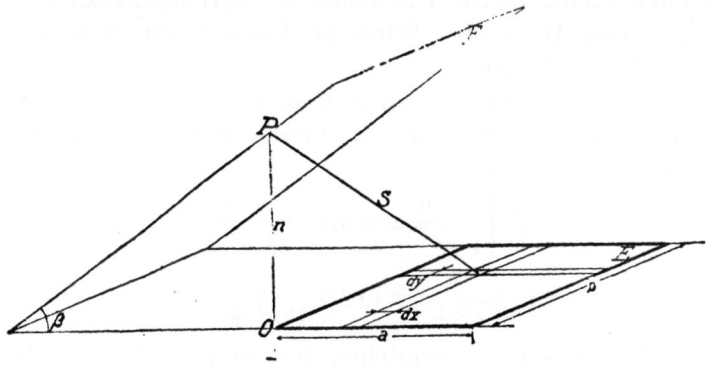

Fig. 16.

den Seiten a und b (das Rechteck I in Fig. 15) auf ein über einem Eckpunkt des Rechteckes liegendes Flächenteilchen einer zu dem Rechteck um den Winkel β geneigten und zu einer der Seiten des Rechteckes parallelen Ebene.

In Fig. 16 ist das Rechteck ab herausgezeichnet. Der Abstand des Teilchens von der Ebene des Rechteckes sei n. Betrachten wir in dem Rechteck ab ein Element $dx\,dy$, welches die Koordinaten x und y, vom Punkte O aus gerechnet, besitzt und wenden wir, von diesem Element ausgehend, die Gleichung X an, so ergibt sich, daß von der Fläche ab die Wärmemenge

$$K = Cf(t)\frac{1}{\pi}\,n\int_{x=o}^{x=a}\int_{y=o}^{y=b}\frac{n\cos\beta + x\sin\beta}{(n^2 + x^2 + y^2)^2}\,dx\,dy \quad \text{XVII}$$

auf das Flächenteilchen pro Quadratmeter strahlt. Die Ausrechnung des Doppelintegrals ergibt:

$$K = Cf(t)\frac{1}{2\pi}\Big[\Big(\frac{a}{\sqrt{n^2+a^2}}\,\text{arc}\,tg\,\frac{b}{\sqrt{n^2+a^2}} + \frac{b}{\sqrt{n^2+b^2}}\,\text{arc}\,tg\,\frac{a}{\sqrt{n^2+b^2}}\Big)\cdot\cos\beta - \Big(\frac{n}{\sqrt{n^2+a^2}}\,\text{arc}\,tg\,\frac{b}{\sqrt{n^2+a^2}} - \text{arc}\,tg\,\frac{b}{n}\Big)\cdot\sin\beta\Big] \quad \ldots\ \text{XVIII}$$

Der Ausdruck, der neben $Cf(t)$ rechts vom Gleichheitszeichen steht, stellt, wie schon im vorhergehenden erklärt, den Wert der Winkelfunktion φ für den vorliegenden Fall dar.

Wenn das über einem Eckpunkt des Rechteckes ab liegende Flächenteilchen zu diesem Rechteck parallel ist, so ist $\beta = o$ und

$$\varphi = \frac{1}{2\pi}\Big[\frac{a}{\sqrt{n^2-a^2}}\,\text{arc}\,tg\,\frac{b}{\sqrt{n^2+a^2}} + \frac{b}{\sqrt{n^2+b^2}}\,\text{arc}\,tg\,\frac{a}{\sqrt{n^2+b^2}}\Big] \quad \text{XVIII}a$$

Wenn das Flächenteilchen über einem Eckpunkt des Rechteckes ab liegt und zur Seite a desselben senkrecht steht, so ist $\beta = 90^0$ und

$$\varphi = \frac{1}{2\pi}\Big[\text{arc}\,tg\,\frac{b}{n} - \frac{n}{\sqrt{n^2+a^2}}\,\text{arc}\,tg\,\frac{b}{\sqrt{n^2+a^2}}\Big] \quad \text{XVIII}b$$

Wenn das bestrahlte Teilchen zur Seite b senkrecht steht, sind in obiger Formel für φ a und b miteinander zu vertauschen.

Mit Hilfe dieser Gleichungen läßt sich die auf jeden

Punkt einer Feuerbüchse von der Rostfläche strahlende Wärmemenge berechnen.

Fig. 17 stellt beispielsweise einen Lokomotiv- oder Lokomobilkessel dar. Die Feuerbüchse hat 1 m Breite und 1 m Tiefe und vom Rost bis zur Decke 1 m Höhe*). Die Rostfläche ist zur Decke parallel und schließt mit den Seitenwänden einen rechten Winkel ein.

Es ist also
$$a = b = n = 1$$
Unter diesen Umständen ist für einen Eckpunkt der Feuerbüchsdecke nach Gleichung XVIII a
$$\varphi = \frac{1}{\pi}\left(\frac{1}{\sqrt{2}} \operatorname{arc} tg \frac{1}{\sqrt{2}}\right) = 0{,}138.$$
d. h. auf einen Eckpunkt der Feuerbüchsdecke strahlt eine Wärmemenge pro Quadratmeter hin, welche rund 14% der von der Rostfläche pro Quadratmeter ausgestrahlten Wärmemenge beträgt.

Die Bestrahlung eines Punktes in der Mitte einer Seitenkante, etwa der vorderen Seitenkante der Feuerbüchsdecke, wird auf Grund des Vorhergehenden berechnet werden können, wenn man sich die Rostfläche durch die Symmetrieebene des Lokomobils in zwei Hälften geteilt denkt. Der in Rede stehende Punkt liegt dann über einem Eckpunkt einer solchen Rostflächenhälfte und es ist für eine solche Hälfte wieder Gleichung XVIII a zu verwenden, wobei aber zu setzen ist
$$a = n = 1 \text{ und}$$
$$b = \frac{1}{2}$$
Für die Bestrahlung dieses Punktes durch eine Rosthälfte ist $\varphi = 0{,}091$, somit im ganzen $\varphi = 0{,}182$.

Um die Bestrahlung im Mittelpunkt der Feuerbüchsdecke zu berechnen, ist die Rostfläche sinngemäß in vier Rostflächenviertel geteilt zu denken, so daß der über

---

*) Hier wie auch bei dem früheren Beispiel ist angenommen, daß die Rostfläche mit der glühenden Kohlenschichte, die man sich als ebene Fläche vorzustellen hat, identisch ist.

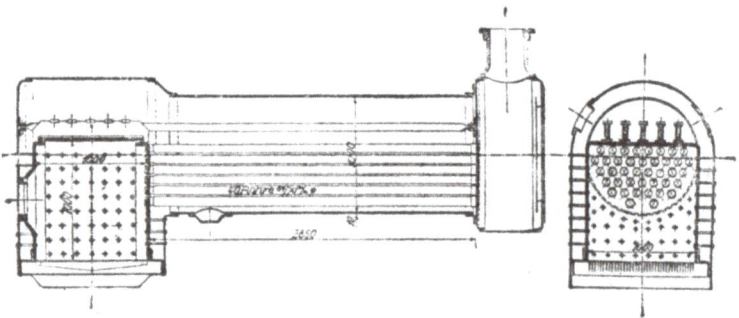

Fig. 17.

einem Eckpunkt je eines solchen Viertels liegende Feuerbüchsdeckenmittelpunkt von den vier Rostflächenvierteln bestrahlt wird; es ergibt sich dementsprechend durch Anwendung der Gleichung XVIII a, wenn dort

$$a = b = \frac{1}{2} \text{ und}$$
$$n = 1$$

gesetzt wird, für die Bestrahlung durch ein Rostflächenviertel $\varphi = 0{,}06$ und für die Bestrahlung durch die ganze Rostfläche $\varphi = 0{,}24$.

Auf diese Weise kann auch für jeden anderen Punkt der Feuerbüchsdecke, wenn die Rostfläche als aus zwei oder vier entsprechenden Teilen bestehend gedacht wird, die auf ihn entfallende Wärmemenge in Prozenten der pro Quadratmeter vom Rost ausgestrahlten Wärme berechnet werden.

Ähnlich ist bezüglich der Punkte der Feuerbüchswände unter Anwendung der Gleichung XVIII b zu verfahren. Für einen oberen Eckpunkt der Feuerbüchswand des in Rede stehenden Kessels ergibt sich, da in diesem Falle mit

$$a = b = n = 1$$

zu rechnen ist,

$$\varphi = \frac{1}{2\pi} \left[\text{arc } tg\, 1 - \frac{1}{\sqrt{2}} \text{arc } tg \frac{1}{\sqrt{2}} \right] = 0{,}056.$$

Für einen Punkt in der Mitte der oberen Seitenkante der vorderen Feuerbüchswand, wo sinngemäß
$$a = n = 1 \text{ und}$$
$$b = \frac{1}{2}$$
gesetzt werden muß, ist für die Bestrahlung durch die entsprechende halbe Rostfläche $\varphi = 0{,}055$, demnach im ganzen $\varphi = 0{,}11$.

Für den Mittelpunkt der Feuerbüchswand ist
$$a = 1$$
$$b = n = \frac{1}{2}$$
zu setzen, woraus für die Bestrahlung durch die ganze Rostfläche schließlich $\varphi = 0{,}24$ folgt.

Für jeden Punkt der unteren Seitenkante einer Feuerbüchswand ergibt sich, da hier mit
$$n = o$$
zu rechnen ist,
$$\varphi = \frac{1}{\pi} \text{ arc } tg \infty = 0{,}5.$$

In Fig. 18 ist der hier berechnete Verlauf der Bestrahlung an der Decke und an der Wand der in Rede stehenden kubischen Feuerbüchse graphisch dargestellt. Man ersieht hieraus, daß in der Mitte einer Seitenwand die Bestrahlung eben so groß ist wie in der Mitte der Decke. Während aber an der Decke die stärkste Bestrahlung in der Mitte stattfindet (sie beträgt 24 % der von der Rostfläche pro Quadratmeter ausgestrahlten Wärme), ist die in der Mitte der Seitenwand herrschende Bestrahlung noch nicht die größte; die auf die Seitenwand pro Quadratmeter gestrahlte Wärmemenge nimmt vielmehr gegen abwärts noch weiter zu und erreicht ihr Maximum im Rostflächenniveau, wo 50 % der pro Quadratmeter ausgestrahlten Wärme auf die Feuerbüchswand pro Quadratmeter fallen.

Mit Hilfe der Gleichungen XVIIIa und XVIIIb ist auch die Wärmemenge zu berechnen, welche von der

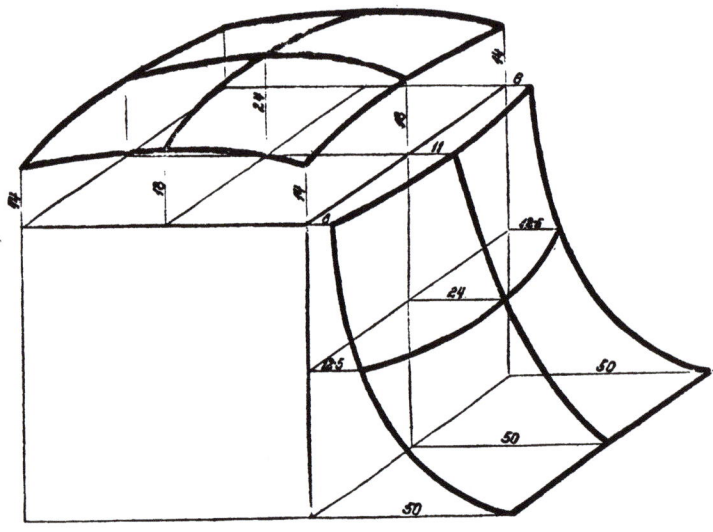

Fig. 18.

Rostfläche auf die ganze Decke bzw. auf jede der Seitenflächen fällt. Wird in dem Ausdruck XVIII a $a = x$ und $b = y$ gesetzt, so gibt das Doppel-Integral

$$4\,Cf(t)\int_{x=0}^{x=a}\int_{y=0}^{y=b} \varphi \cdot dx\,dy = W_n$$

die Wärmemenge an, welche von einem Rechteck mit den Seiten a und b auf ein ebenso großes mit parallelen Seiten im Abstand n darüberliegendes gestrahlt wird (Strahlung von der Rostfläche auf die Feuerbüchsdecke).

Ebenso gibt, wenn im Ausdruck XVIII b für $b = y$ gesetzt wird, das Doppel-Integral

$$2\,Cf(t)\int_{n=0}^{n=n}\int_{y=0}^{y=b} \varphi \cdot dn\,dy = W_a$$

die Wärmemenge an, welche von einem Rechteck mit den Seiten a und b auf ein zur Seite a senkrecht stehendes anstoßendes Rechteck von der Breite b und der Höhe n strahlt (Strahlung von der Rostfläche auf die Vorder- oder Hinterwand der Feuerbüchse).

Die rechteckige Rostfläche in der Lokomotivfeuerbüchse.

Werden schließlich in der letzten Gleichung a und b miteinander vertauscht, so erhält man W_b, d. i. die Wärmemenge, welche auf ein zur Seite b senkrecht stehendes, im a mit dem strahlenden Rechteck zusammenstoßendes Rechteck mit den Seiten a und n gestrahlt wird (Strahlung vom Rost auf eine Seitenwand der Feuerbüchse).

Die Resultate der Integrationen ergeben folgende etwas komplizierte Ausdrücke:

Die Wärmemenge, welche vom Rost auf die Decke gestrahlt wird, ist:

$$W_n = Cf(t)\frac{2}{\pi}\left[b\sqrt{a^2+n^2}\operatorname{arc tg}\frac{b}{\sqrt{a^2+n^2}} + \right.$$
$$+ a\sqrt{b^2+n^2}\operatorname{arc tg}\frac{a}{\sqrt{b^2+n^2}} - bn\operatorname{arc tg}\frac{b}{n} -$$
$$\left. - an\operatorname{arc tg}\frac{a}{n} - \frac{n^2}{2}\ln\frac{(n^2+a^2+b^2)n^2}{(n^2+a^2)(n^2+b^2)}\right]$$

Die Wärmemenge, welche vom Rost auf die Vorder- oder Hinterwand der Feuerbüchse gestrahlt wird, ist:

$$W_a = \frac{Cf(t)}{\pi}\left[nb\operatorname{arc tg}\frac{b}{n} - b\sqrt{n^2+a^2}\operatorname{arc tg}\frac{b}{\sqrt{n^2+a^2}}\right.$$
$$+ ab\operatorname{arc tg}\frac{b}{a} + \frac{n^2}{4}\ln\frac{(n^2+a^2+b^2)n^2}{(n^2+a^2)(n^2+b^2)} +$$
$$\left. + \frac{a^2}{4}\ln\frac{(n^2+a^2+b^2)a^2}{(a^2+b^2)(a^2+n^2)} - \frac{b^2}{4}\ln\frac{(n^2+a^2+b^2)b^2}{(b^2+a^2)(b^2+n^2)}\right]$$

Die Wärmemenge, welche vom Rost auf die Seitenwand der Feuerbüchse gestrahlt wird, ist:

$$W_b = \frac{Cf(t)}{\pi}\left[na\operatorname{arc tg}\frac{a}{n} - a\sqrt{n^2+b^2}\operatorname{arc tg}\frac{a}{\sqrt{n^2+b^2}} + \right.$$
$$+ ab\operatorname{arc tg}\frac{b}{a} + \frac{n^2}{4}\ln\frac{(n^2+a^2+b^2)n^2}{(n^2+a^2)(n^2+b^2)} +$$
$$\left. + \frac{b^2}{4}\ln\frac{(n^2+a^2+b^2)b^2}{(a^2+b^2)(b^2+n^2)} - \frac{a^2}{4}\ln\frac{(n^2+a^2+b^2)a^2}{(a^2+b^2)(a^2+n^2)}\right]$$

Hierin ist a die Tiefe oder Länge, b die Breite und n die Höhe der Feuerbüchse, wie schon früher näher erklärt.

Die Summe $W_n + 2 W_a + 2 W_b$ muß natürlich die ganze von der Rostfläche ausgestrahlte Wärme $ab \cdot Cf(t)$ ergeben.

Für die hier als Beispiel behandelte Feuerbüchse, wo $a = b = n = 1$ m ist, vereinfachen sich die Ausdrücke wesentlich und es ergibt sich, daß auf die Decke ebensoviel wie auf jede der vier Feuerbüchswände, nämlich 20 % der vom Rost ausgestrahlten Wärme, entfällt.

Die an der Decke und den Wänden sowie auch die an jedem Punkte der Feuerbüchse stattfindende Dampfproduktion ist im übrigen in gleicher Weise, wie für den stehenden Kessel mit zylindrischer Feuerbüchse im vorigen Kapitel behandelt, zu ermitteln. Nimmt man auch hier an, daß pro Stunde 100 kg Kohle von 6000 Kal. auf dem Rost von 1 qm Größe verbrannt werden und pro Kilogramm Kohle 20 kg Gas entstehen, so sind die Verbrennungsverhältnisse hier die gleichen wie dort und es strahlt der Rost bei einer Verbrennungstemperatur von 1000 ° C 100.000 Kal. pro Stunde aus. Hievon fallen je 20.000 Kal. auf die Feuerbüchsdecke und jede der Feuerbüchswände. Durch Berührung und Leitung werden hier wie dort unter den gleichen Voraussetzungen 16.000 Kal. pro Stunde an die Feuerbüchsheizfläche pro Quadratmeter übertragen. Dieser Wärmemenge von zusammen 36.000 Kal. entspricht eine Verdampfung von 56 kg pro Quadratmeter als durchschnittliche Verdampfungsziffer für die Feuerbüchsdecke und die Feuerbüchswände, sohin auch für die ganze Feuerbüchsheizfläche.

Das Bild des Verlaufes der Dampfproduktion an den einzelnen Punkten der Decke und der Feuerbüchswände hat beiläufig das Aussehen der Kurven in Fig. 18, nur muß man sich noch die durch Berührung und Leitung übertragene Wärmemenge als überall gleiche Strecke dazu aufgetragen denken, und zwar beträgt die Dampfproduktion:

Die rechteckige Rostfläche in der Lokomotivfeuerbüchse.

an der Decke:
    in der Mitte . . . . . . 62 kg pro qm
    in einem Eck . . . . . . 45 „ „ „
    in der Mitte einer Seitenkante 55 „ „ „
an einer Seitenwand:
    in der Mitte . . . . . . 62 kg pro qm
    in einem oberen Eck . . . 34 „ „ „
    in der Mitte der Oberkante 42 „ „ „
    in der Mitte der Seitenkante 44 „ „ „
    in jedem Punkt d. Unterkante 102 „ „ „

Vergleicht man dieses Ergebnis mit den Ergebnissen des ersten Beispiels im vorigen Kapitel, wie es in Fig. 14 dort graphisch versinnbildlicht ist, so ergibt sich ein im allgemeinen ähnliches Bild. Diese Ähnlichkeit rührt daher, daß die Feuerbüchse dort als ein Zylinder, dessen Höhe gleich ist dem Durchmesser, hier als ein Würfel angenommen ist.

Die kubische Feuerbüchse, bei welcher Breite, Tiefe und Höhe gleich sind, ist für mittlere Lokomobil- und Lokomotivkessel als normal zu bezeichnen; der Rost solcher Kessel mittlerer Größe ist in der Regel quadratisch und die Höhe der Feuerbüchse ist von Breite und Länge des Rostes nicht wesentlich verschieden.

Feuerbüchsen kleiner Kessel sind in der Regel höher als sie lang und breit sind. In diesem Fall strahlt auf die Decke weniger als auf jede der Feuerbüchswände.

Bei großen Lokomotiv- oder Lokomobilkesseln werden die Feuerbüchsen möglichst lang gemacht. Solange die Rostflächen nur 1—1,5 qm groß zu sein brauchten, hatten sie bei normalen Spurweiten noch beiläufig quadratische Form, Lokomotiv-Rostflächen aber von 2—4 qm Größe, wie sie in den letzten Jahren ausgeführt wurden und auch noch nicht zu den größten gehören (es gibt amerikanische Lokomotiven mit mehr als 8 qm Rostfläche), müssen natürlich rechteckige Form erhalten, ihre Länge ist viel größer als die Breite, die durch die Spurweite begrenzt ist. Die Höhe solcher

Feuerbüchsen ist in der Regel kleiner als ihre Länge und größer als ihre Breite. So kann man sich die Type einer modernen Lokomotivfeuerbüchse als Parallelepiped von beiläufig 1,2 m Breite, 2,4 m Länge und 1,6 m Höhe vorstellen.

Wendet man auf eine Feuerbüchse dieser Dimensionen die oben angegebenen Formeln für W_n, W_u und W_l an, so ergibt sich, daß von der von der Rostfläche ausgestrahlten Wärme 20% auf die Decke, 32% auf jede der beiden Seitenwände und nur 8% auf die Feuertür- bzw. auf die Rohrwand fällt.

Die große Wichtigkeit, welche eine möglichst große Dampfproduktion bei möglichst kleiner Heizfläche speziell für Lokomotiven besitzt, und der oft überraschend gute Nutzeffekt der Lokomotivkessel in forciertem Betrieb rechtfertigen es, daß auf die Wärmestrahlung bei dieser Kesselart und bei einer Rostbeanspruchung, wie sie bei Stabilkesseln als übermäßig und vielleicht unzulässig groß bezeichnet werden müßte, näher eingegangen wird. Und zwar sei den Betrachtungen ein Lokomotivkessel, der eine Feuerbüchse vorangeführter Dimensionen und auch sonst normale Verhältnisse aufweist, zugrunde gelegt.

Die Hauptabmessungen dieses Lokomotivkessels seien:

Feuerbüchshöhe	1600 mm
Feuerbüchsbreite	1200 „
Feuerbüchslänge	2400 „
Anzahl der Heizrohre . . .	200
Durchmesser der Heizrohre . .	57/64 „
Länge der Heizrohre	4500 „
Rostfläche	2,88 qm
Heizfläche der Feuerbüchse . .	14,4 „
Heizfläche der Rohre	162 „
Gesamte Heizfläche	176,4 „

Auf der Rostfläche werden pro Quadratmeter und Stunde 400 kg Kohle von 6000 Kal. verbrannt, was einer

Die rechteckige Rostfläche in der Lokomotivfeuerbüchse.

normalen Beanspruchung der Lokomotiv-Rostfläche entspricht. Es sei hier, wie bei den früher behandelten Beispielen, angenommen, daß die Verbrennung eine günstige ist und 20 kg Gas pro Kilogramm Kohle vorhanden sind.

Unter diesen Umständen ist die Temperatur der glühenden Kohlenschichte bzw. der Gase knapp über der glühenden Kohle 1150^0 C. Bei dieser Temperatur strahlt 1 qm der Rostfläche auf die Feuerbüchswände zirka 160.000 Kal. pro Stunde und in den Gasen finden sich 2,240.000 Kal. pro Stunde wieder.

Aus diesen Ziffern läßt sich nun das Bild über die Wärmeübertragung in jedem einzelnen Punkt der ganzen Lokomotivheizfläche, so wie es im vorhergehenden für den stehenden Röhrenkessel geschehen ist, entwerfen. Fig. 19 versinnbildlicht die Verteilung der Dampfproduktion auf die einzelnen Teile der Heizfläche, und zwar ist in Fig. 19 die Feuerbüchse, in Fig. 20 ein Rohr dargestellt.

Durch Berührung und Leitung werden von den Gasen an die Feuerbüchswände zirka 420.000 Kal. pro Quadratmeter übertragen, wobei eine Gasgeschwindigkeit von zirka 9 m in der Feuerbüchse und ein Wärmeüber-

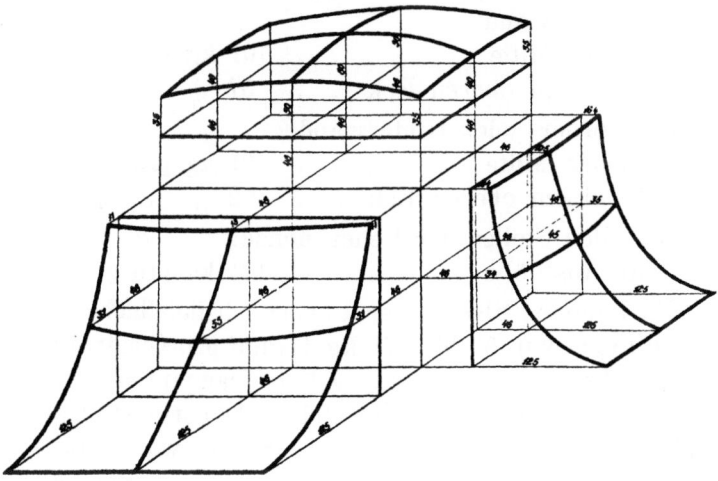

Fig. 19.

tragungskoeffizient von $2 + 10 \cdot \sqrt{9} = 32$ zugrunde gelegt ist. Dieser an die Feuerbüchsheizfläche durch Berührung und Leitung übertragenen Wärmemenge von 29.000 Kalorien pro Quadratmeter entspricht eine Dampfproduktion von 46 kg pro Quadratmeter. Im Bilde findet sich diese Dampfmenge zunächst längs der Feuerbüchswand graphisch verzeichnet.

Die durch Strahlung von der Rostfläche **an** die Feuerbüchsdecke und die Feuerbüchswände übertragene Wärmemenge entspricht im Durchschnitt einer Dampfproduktion von zirka 50 kg pro Quadratmeter. Sie ist also im Durchschnitt um zirka 10% größer als die durch Berührung und Leitung in der Feuerbüchse übertragene Wärmemenge, variiert aber von Punkt zu Punkt, wie es im graphischen Bilde veranschaulicht ist, in starkem Maße.

So beträgt die Dampferzeugung durch Berührung, Leitung und Strahlung
an der Decke:
    in der Mitte . . . . . . 106 kg pro qm
    in einem Eck . . . . . 81 „ „ „
an der Seitenwand:
    in der Mitte . . . . . . 101 kg pro qm
    in einem oberen Eck . . 57 „ „ „
an der Vorder- oder Hinterwand:
    in der Mitte . . . . . . 91 kg pro qm
    in einem oberen Eck . . 62 „ „ „
und an allen Stellen der Feuerbüchse:
    in Rosthöhe . . . . . 171 kg pro qm

Es kommen also in der Feuerbüchsheizfläche Beanspruchungen von 57 bis 171 kg Dampf pro Quadratmeter gleichzeitig vor, wobei die größte Dampfproduktion in der untersten Linie der Feuerbüchse, die geringste Dampfproduktion in den oberen Ecken der Seitenwände auftritt.

Nachdem die Gase einen Teil der Wärme, die sie enthalten, durch Berührung und Leitung an die Feuerbüchsheizfläche abgegeben haben, kommen sie mit einer Temperatur von zirka 1070° C in die Rohre.

Die Gasgeschwindigkeit in den Rohren ist sehr groß; sie beträgt am Anfang der Rohre 46 m pro Sekunde, am Ende der Rohre, wo die Gase wegen der niederen Temperatur ein viel kleineres Volumen haben, zirka 20 m pro Sekunde. Diesen Geschwindigkeiten entsprechen Wärmeübertragungskoeffizienten von 70 Kal. pro Quadratmeter und Grad Temperaturdifferenz am Anfang und von zirka 47 Kal. am Ende der Rohre. Mit diesen Übertragungskoeffizienten gerechnet, übertragen die Gase auf dem Wege durch die Rohre eine Wärmemenge von zirka 4,500.000 Kal. pro Stunde an die Heizfläche von 162 qm. Dies entspricht einer mittleren Dampfproduktion von zirka 43 kg pro Quadratmeter Rohrheizfläche. Und zwar wird auf den ersten Quadratmetern, die der Feuerbüchsrohrwand am nächsten liegen, 98 kg Dampf pro Quadratmeter erzeugt, während die letzten Quadratmeter der Rohrheizfläche, die an der Rauchkammer liegen, nur mehr zirka 6 kg Dampf pro Quadratmeter liefern. Die Gastemperatur ist dort nicht höher als 300° C. Im graphischen Bild Fig. 20 ist auch der Verlauf der Dampfproduktion längs einem Heizrohr dargestellt.

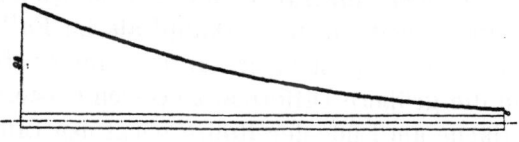

Fig. 20.

Allen diesen Berechnungen sowie den im Bilde dargestellten Rechnungsergebnissen liegen allerdings Annahmen zugrunde, die beim Lokomotivkessel womöglich noch weniger als bei einem stabilen Kessel als allgemein zutreffend bezeichnet werden können. Abgesehen von den bezüglich der Beschaffenheit der glühenden Kohlenschichte als strahlender ebener Fläche gemachten Annahmen und abgesehen von der Vernachlässigung der Strahlung der Flammen, mußte auch, wie schon in dem früheren Beispiel, bezüglich der Abhängigkeit des Wärmeleitungskoeffizienten von der Gasgeschwindigkeit eine Annahme gemacht werden. Nun ist die Abhängigkeit in der Form $K = 2 + 10 \sqrt{w}$ für Geschwindigkeiten, wie sie hier vorkommen, als genügend richtig anzusehen, sie kann aber nicht für jede Beschaffenheit der Heizfläche in gleicher Weise gelten. Deshalb können auch die Verhältnisse, wie sie durch obiges Bild dargestellt werden, nur für verhältnismäßig reine Heizflächen, also etwa für die erste Zeit nach der Reinigung, als zutreffend angesehen werden. Bei verlegter Heizfläche wird die durch Berührung und Leitung an die Rohre übertragene Wärmemenge geringer, und die den Verlauf der Dampfproduktion am Rohr charakterisierende Kurve liegt in diesem Fall entweder in ihrem ganzen Verlauf oder in ihrem ersten Teil wesentlich tiefer, schneidet dann in letzterem Falle die im Bilde verzeichnete Kurve je nach dem Grad der Verlegung der Heizfläche irgendwo in ihrem Verlauf und endet höherliegend, d. h. bei verlegten Rohrheizflächen ist die Dampfproduktion der ersten Quadratmeter der Rohrheizfläche wesentlich geringer als hier in dem vorliegenden Beispiel angeführt, die letzten Quadratmeter erzeugen aber eventuell mehr Dampf als im Falle reiner Heizflächen. Die Abgastemperatur ist nämlich dann viel höher und die größere Differenz zwischen Gastemperatur und Heizfläche am Ende der Rohre wiegt den Einfluß des kleineren Übertragungskoeffizienten vollkommen auf. Erst durch diese Überlegung gewinnen die letzten Quadratmeter der Rohrheizfläche, denen bei einer Dampfproduktion von bloß 6 kg pro Quadratmeter wohl keine Rentabilität nachgewiesen werden kann, einen Wert.

Wie dem aber auch immer sei und wie es sich auch immer hinsichtlich der Übereinstimmung der gemachten Annahmen mit der Wirklichkeit verhalten möge, jedenfalls geben diese Berechnungen ein allgemeines Bild über den Anteil, den die Strahlung an der Wärmeübertragung an die Feuerbüchsheizfläche hat, im Verhältnis zu der durch Berührung und Leitung übertragenen Wärmemenge. Schon unter den gemachten Annahmen, welche den Anteil der Strahlung in verminderndem, den Anteil der Berührung und Leitung in vermehrendem Sinne beeinflussen, wird in der Feuerbüchse durch Strahlung mehr als durch Berührung und Leitung übertragen.

Unter den hier angenommenen günstigen Verhältnissen reiner Heizflächen stellt sich die Wärmebilanz beihäufig, wie folgt:

Von der auf dem Rost entwickelten Wärmemenge von 6,910.000 Kal. werden übertragen:

I. durch Strahlung
 a) an die Feuerbüchsdecke   92.000 Kal. (1,3%)
 b) an die Feuerbüchsseitenwände   294.440 Kal. (4,2%)
 c) an die Feuerbüchsvorder- u. Hinterwand   37.600 Kal. (1,1%)   460.000 Kal. (6,6%)

II. durch Berührung und Leitung
 a) an die Feuerbüchse   420.000 Kal. (6,1%)
 b) an die Feuerröhren   4,500.000 Kal. (65,0%) 4,920.000 Kal. (71,1%)
    zusammen . . 5,380.000 Kal. (77,7%)
und entweichen mit den Essengasen 1,530.000 Kal. (22,3%)
    6,910.000 Kal. (100,0%)

Die mittlere durchschnittliche Dampfproduktion beträgt hiebei 47,5 kg pro Quadratmeter Heizfläche und Stunde; im ganzen werden 8400 kg Dampf pro Stunde erzeugt. Nach der im Eisenbahnwesen üblichen Busseschen Formel für Lokomotivkessel *) ergibt sich unter

---

*) Die Bussesche Formel für die verdampfte Wassermenge W lautet:

$$W = 40\, H_f \left(12 - \frac{H_f}{R}\right) + 0{,}01\, H_r \left(36 - \frac{H_f}{R}\right)\left(150 - \frac{H_r}{R}\right)$$

worin H_f die Heizfläche der Feuerbüchse, H_r die Heizfläche der Rohre und R die Rostfläche, alles in Quadratmeter, bedeutet.

den vorliegenden Verhältnissen die stündliche **Dampfproduktion** zu 8750 kg, also zirka 49 kg pro Quadratmeter und Stunde; was mit den hier berechneten Werten genügend übereinstimmt und jedenfalls auch für das Zutreffen der gemachten Annahmen spricht.

Wenn die Rostfläche, wie es wohl meist der **Fall** ist, nicht horizontal, sondern von vorne **nach rückwärts** fallend verläuft, ändert sich im wesentlichen das Verhältnis zwischen der durch Strahlung und der durch Berührung und Leitung übertragenen Wärme nicht, aber die Verteilung an den Wänden der Feuerbüchse erfährt eine kleine Abänderung, indem die rückwärtige Rohrwand mehr zugestrahlt erhält als die Feuertürwand.

Die oben berechnete übertragene Wärmemenge kommt natürlich nicht ganz dem Wasser im Kessel zugute; es treten vielmehr auch hier ganz ähnliche Verluste auf, wie sie beim stehenden Feuerbüchskessel besprochen wurden. Die Verluste durch Leitung und Strahlung nach außen sind hier beim Luftzug während der Fahrt noch viel größer als dort. Immerhin gehören Nutzeffekte von 70%, wie sich auch im vorliegenden Falle nach Abzug der übrigen Verluste ergeben würde, nicht zu den Seltenheiten im normalen Lokomotivbetrieb trotz der verhältnismäßig hohen Rost- und Heizflächenbeanspruchungen.

III. Die rechteckige Rostfläche im Flammrohr.

Das Flammrohr stellt geometrisch einen liegenden Zylinder dar, in dessen Diagonalebene sich die Rostfläche befindet. Die von ihr ausgehenden Wärmestrahlen treffen hauptsächlich die über ihr liegende obere Zylinderhälfte; einige Strahlen fallen noch auf weiter rückwärts, also über der Feuerbrücke und auch hinter ihr liegende Stellen der oberen Flammrohrhälfte; die hiedurch übertragene Wärmemenge ist aber minimal, weil alle Teile des Flammrohrs, die über und hinter der Feuerbrücke liegen, sich entweder ganz im Wärmeschatten oder zum mindesten im Halbschatten der vom Rost ausgestrahlten Wärme befinden und auch die Winkel, welche die vom Rost ausgehenden Strahlen sowohl mit der strahlenden Ebene als auch mit der bestrahlten Fläche einschließen, klein sind. Deshalb sei im folgenden zunächst nur jener Teil der oberen Flammrohrhälfte, der direkt über dem Rost liegt, als bestrahlt und nur die Rostfläche als strahlend angenommen.

In Fig. 21 ist schematisch die strahlende Rostfläche und die bestrahlte, sich dachförmig darüber wölbende obere Flammrohrhälfte dargestellt. Die strahlende Fläche hat die Breite $2R$, gleich dem Durchmesser des Flammrohrs, und die Länge L. Um zu untersuchen, wie sich die vom Roste gestrahlte Wärme auf die einzelnen Punkte des bestrahlten Flammrohrstückes verteilt, denken wir uns einen Punkt P, der einem Vertikalschnitt in der Entfernung b angehört und dessen Lage weiters durch den Abstand a seiner Projektion genau gegeben ist. Dieser Punkt bzw. das kleine Flächenteilchen des Flammrohrs, welches durch ihn dargestellt ist, liegt, wie aus der Figur ersichtlich, in der Tangentialebene E_1. Es handelt sich also dann nur mehr um die Feststellung der Wärmemenge, die von einem strahlenden Rechteck auf einen Punkt einer Ebene strahlt, welche gegen die Ebene des Rechtecks geneigt ist und deren Schnittlinie mit der Rechteckebene zu einer Rechteckseite parallel ist.

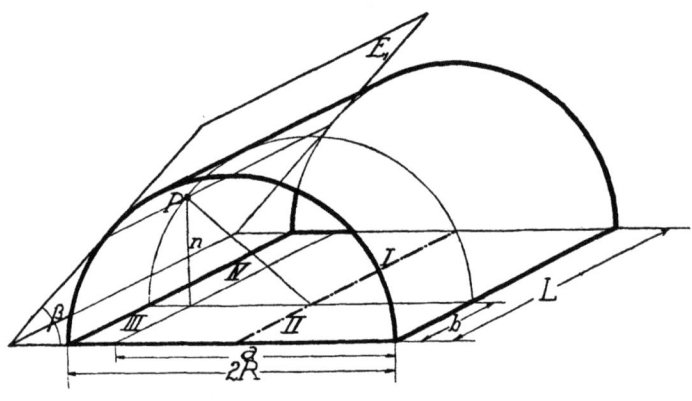

Fig. 21.

Die Lösung dieser Aufgabe ist zu Beginn des vorigen Abschnittes besprochen, und in der dort angeführten Gleichung XVIII bereits die Wärmemenge angegeben worden, welche von einem strahlenden Rechteck auf einen über einem Eckpunkt desselben liegenden Punkt einer Ebene, wie die hier in Rede stehende Tangentialebene, strahlt. Wenn man also auch hier das strahlende Rechteck in die vier Rechtecke I, II, III und IV (siehe Fig. 21) teilt, wie es dort geschehen ist, und mit Hilfe von Gleichung XVIII die von jedem derselben auf den Punkt P gelangende Wärmemenge berechnet, so ergibt die Summe dieser vier Wärmemengen die von der ganzen Rostfläche auf das Flächenteilchen bei P gestrahlte Wärme in der aus dem früheren bereits geläufigen Weise, nämlich ausgedrückt durch die pro Quadratmeter der Rostfläche ausgestrahlten Wärmemenge $C \cdot f(t)$ und die Winkelfunktion φ.

Nun läßt sich die Gleichung XVIII, wie folgt, einfacher darstellen. Denken wir uns beispielsweise über dem Teilstück II eine Pyramide mit II als Basis mit dem Punkt P als Scheitel, wie in Fig. 22 herausskizziert, so schreibt sich Gleichung XVIII

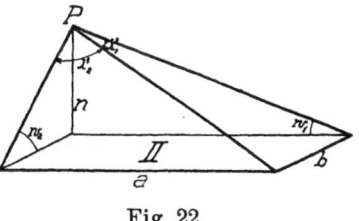

Fig. 22.

$$K = Cf(t)\frac{1}{2\pi}\left[(\lambda_1'\cos w_1 + \lambda'\cos w_2)\cos \beta - \left(\lambda_1'\sin w_1 + w_2 - \frac{\pi}{2}\right)\sin \beta\right]$$

worin λ_1' und λ_2', wie aus der Figur ersichtlich, die Winkel der beiden Seitenflächen am Scheitel und w_1 und w die Neigungswinkel Seitenflächen gegen die Basis bezeichnen, β ist wie früher der Neigungswinkel des Flächenteilchens, das durch den Punkt P dargestellt ist.

Verfährt man nun in gleicher Weise mit den anderen Teilstücken I, III und IV und addiert die so entstandenen vier Gleichungen, so erhält man für die von der ganzen strahlenden Fläche auf das Flächenteilchen bei P gestrahlte Wärmemenge pro Quadratmeter:

$$K = Cf(t\frac{1}{2\pi}\Big[(\lambda_1\cos w_1 + \lambda_2\cos w_2 + \lambda_3\cos w_3 + \lambda_4\cos w_4)$$
$$\cos\beta - (\lambda_1\sin w_1 - \lambda_3\sin w_3)\sin\beta\Big] \quad \ldots \ldots \ldots \text{XIX}$$

Hierin bedeuten λ_1, λ, λ_3 und λ die vier Scheitelwinkel und w_1, w_2, w_3 und w_4 die vier Neigungswinkel der Seitenflächen einer Pyramide mit der Rostfläche als Basis und dem Punkt P als Scheitel (siehe Fig. 23). Der neben $C \cdot f(t)$ rechts vom Gleichheitszeichen stehende Ausdruck ist die Winkelfunktion z für den vorliegenden Fall.

Es läßt sich sohin für jeden Punkt der bestrahlten Flammrohrhälfte die dorthin fallende Wärmemenge berechnen, indem man sich die vorbesprochene Pyramide dargestellt denkt, die vier Scheitelwinkel λ und die Neigungswinkel w ihrer Seitenflächen ermittelt, ferner den Neigungswinkel β der im Punkt P gedachten Tangentialebene an das Flammrohr bestimmt und diese Winkelwerte in Gleichung XIX einsetzt.

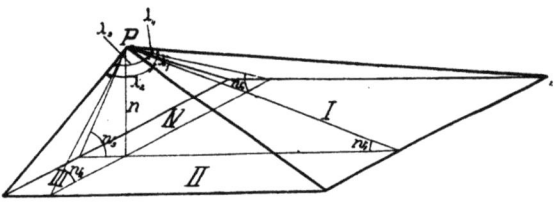

Fig. 23.

Auf diese Weise ist die Bestrahlungsintensität für die einzelnen Punkte eines bestrahlten Flammrohres berechnet und in Fig. 24 dargestellt worden. Die Rostfläche, demnach auch das bestrahlte Flammrohrstück, ist doppelt so lang als der Flammrohrdurchmesser angenommen.

In der Figur ist der Wert von φ in Prozenten angegeben. Im Scheitel des Flammrohrs strahlt also auf den Punkt in der Mitte eine Wärmemenge pro Quadratmeter hin, welche gleich ist 69% der vom Rost pro Quadratmeter ausgestrahlten Wärmemenge. Am vordersten Punkt des Scheitels, also über der Feuertür, ist die Bestrahlung nur ungefähr halb so groß. In einer Erzeugenden in 45° Höhe ist die Bestrahlung in der Mitte 66% und verläuft gegen die Enden bis auf 39,5% der pro Quadratmeter vom Rost ausgestrahlten Wärme. In der Erzeugenden in Rosthöhe ist die Bestrahlung in allen Punkten gleich, und zwar 50% der Roststrahlung.

Ganz vorne am Flammrohr ist also die Bestrahlung am Scheitel am kleinsten und nimmt gegen die Seiten hin zu, im Flammrohrquerschnitt in der Mitte der Rostlänge ist die Bestrahlung am Scheitel am größten, nimmt gegen die Seiten hin ab und ist in Rosthöhe am kleinsten. Die größte Differenz und die größte und geringste Bestrahlung kommen längs des Flammrohrscheitels vor.

Da die Roststrahlung, wie aus den bereits durchgerechneten Beispielen ersichtlich, 100.000 Kal. pro Quadratmeter leicht übersteigt, entspricht die Bestrahlungsintensität in der Mitte des Flammrohrscheitels einer Wärmemenge von 69.000 Kal. pro Quadratmeter und mehr, was einer Heizflächenbeanspruchung von zirka 110 kg Dampf pro Quadratmeter — durch Strahlung des Rostes allein hervorgerufen — entspricht.

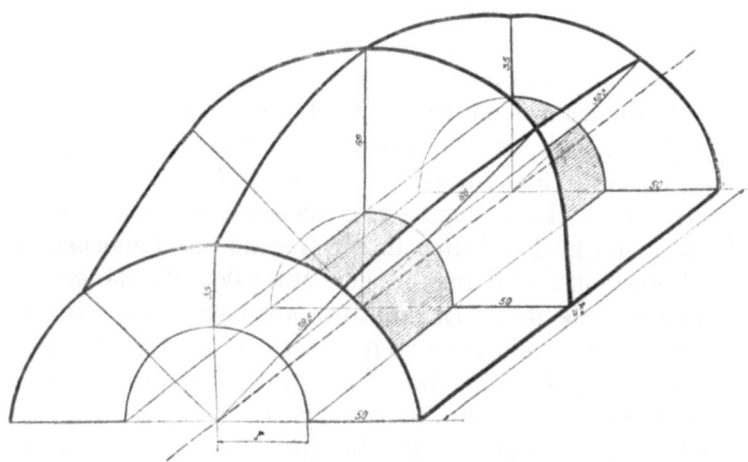

Fig. 24.

In der Verteilung der vom Rost ausgestrahlten Wärme auf der darüberliegenden Heizfläche des Flammrohres, wie sie durch Fig. 24 bildlich dargestellt ist, findet sich die Erklärung für eigenartige Flammrohr-Einbeulungen, die nicht am Scheitel des Flammrohres, sondern in Rosthöhe vorkommen. Wenn im Flammrohrkessel Wassermangel eintritt, so wird naturgemäß zunächst der Scheitel des Flammrohres übermäßig heiß, weil ihm zuallererst die kühlende Wirkung des Wassers entzogen wird. Bevor das Wasser erheblich unter den Rohrscheitel gefallen ist, kann am Scheitel des Flammrohres bereits eine Wärmestauung eingetreten sein, was bekanntlich eine Einbeulung am Scheitel des Flammrohres zur Folge hat.

Wenn aber alle Teile des Flammrohres ganz gleichmäßig der kühlenden Wirkung des Wassers entzogen sind oder das Flammrohr mit einer Isolierschichte, Kesselstein, Schlamm, Öl oder dergleichen in der ganzen Hälfte über dem Rost ganz gleichmäßig bedeckt ist, so sind die Bedingungen für Wärmestauungen in jedem Punkte der Heizfläche gleich, es wird daher die Wärmestauung an jenen Punkten zuerst auftreten, an denen die Bestrahlung die größere ist. Da nun, wie sich aus dem Vorhergehenden und der Fig. 24 ergibt, die Bestrahlung in den gegen die Feuertür und die Feuerbrücke hin liegenden Querschnitten des Flammrohres in Feuer(Rost)höhe am intensivsten ist, müßte sich ein Flammrohr, für welches die Bedingungen des Wärmestaues sich ganz gleichmäßig über die ganze obere Hälfte des Rohres verteilen, in den vorderen Teilen und in den Teilen in der Gegend der Feuerbrücke in Feuerhöhe, und nur in der Mitte der Rostlänge am Scheitel einbeulen. Bekanntlich kommen auch Einbeulungen in Rosthöhe oder knapp über dem Rost bei Flammrohren vor; die Ursache dieser Ausbeulungen ist aber in der Regel nicht in Wassermangel, der natürlich zunächst immer den Scheitel betrifft, sondern in Ablagerungen zu suchen, die entweder in der Gegend des Rostes in größtem Maße auftreten oder aber über das ganze Rohr gleichmäßig verteilt sind.

Die Intensität der Bestrahlung ist bei dem in Fig. 24 dargestellten Flammrohrstück, welches einer Rostlänge gleich dem doppelten Durchmesser entspricht, in der Mitte des Rostes am Scheitel des Rohres am größten. Nun ist aber die Bestrahlungsintensität an jener Stelle abhängig vom Verhältnis des Flammrohrdurchmessers zur Rostlänge. Ist die Rostlänge kleiner als der doppelte Durchmesser, so wird auch die Bestrahlungsintensität am Scheitel des Flammrohres kleiner sein als im graphischen Bild, wo sie 69% beträgt. Wenn die Rostlänge dem anderthalbfachen Durchmesser gleich ist, so strahlt auf den Scheitel des Flammrohres über der Mitte des Rostes nur mehr 50% der pro Quadratmeter Rostfläche ausgestrahlten Wärme, also die gleiche Wärmemenge hin, wie auf die einzelnen Punkte in Rosthöhe. Ist der Rost noch kürzer als anderthalb Durchmesser des Flammrohres, so strahlt selbst an den meistbestrahlten Punkt des Flammrohrscheitels nur mehr eine kleinere Wärmemenge als 50% der pro Quadratmeter Rost ausgestrahlten Wärmemenge hin. Es liegen also dann die meist bestrahlten Punkte in allen Querschnitten in Rosthöhe, das heißt, ein Flammrohr, dessen Rost kleiner ist als der anderthalbfache Durchmesser, würde sich, wenn die Bedingungen des Wärmestaues sich ganz gleichmäßig über die Heizfläche verteilen, zunächst überhaupt nur in Rosthöhe ausbauchen, weil dort die intensivste Bestrahlung eintritt. Flammrohrroste, die nur anderthalbmal so lang sind wie der Flammrohrdurchmesser, gehören wohl schon zu den allerkürzesten und kommen nur äußerst selten vor. Unter normalen Verhältnissen haben die Flammrohre Durchmesser von 700—1000 mm und die Roste sind zirka 2 m lang, also gleich dem doppelten bis dreifachen Rohrdurchmesser. Unter diesen Verhältnissen ist die Bestrahlungsintensität und hiemit auch die Neigung zur Bildung von Einbeulungen in den Querschnitten am Anfang und am Ende des Rostes in Rosthöhe, in der Mitte des Rostes am Scheitel des Flammrohres am größten.

Um nun, ähnlich wie es für die anderen Kesselsysteme mit Innenfeuerungen geschehen ist, auch für den Flammrohrkessel das Bild der Verteilung der Dampfproduktion auf die einzelnen Teile der Heizfläche zu vervollkommnen, sei in Fig. 25 ein Zweiflammrohrkessel dargestellt, der 9700 mm Mantellänge, 2200 mm Manteldurchmesser hat und mit zwei Wellrohren von 850/950 mm, im Mittel also 900 mm Durchmesser, versehen ist. Die Heizfläche des Kessels beträgt 100 qm; hievon entfallen 28 qm auf jedes Flammrohr von 10 m Länge. Die Roste sind 1800 mm

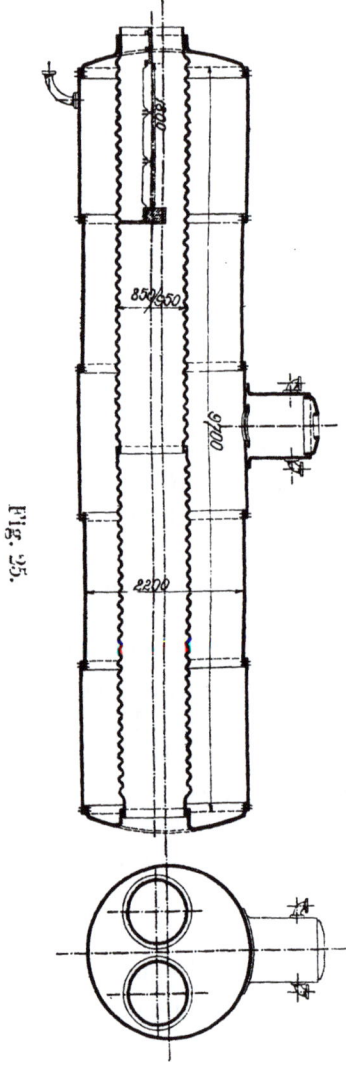

Fig. 25.

lang, also gleich dem doppelten Flammrohrdurchmesser. Jeder Rost hat 1,62 qm Rostfläche und der Teil der Flammrohrheizfläche, der sich über dem Rost wölbt, ist rund 2,5 qm groß.

Auf den Rosten werden pro Quadratmeter 100 kg Kohle von 6000 Kal., normalen Durchschnittsverhältnissen entsprechend, verbrannt. Die Verbrennung erfolgte, wie in den früher behandelten Beispielen, mit zirka 9% Kohlensäuregehalt der Gase, das ist zirka zweifacher Luftzufuhr entsprechend 20 kg Gas pro Kilogramm Kohle. Unter diesen Verhältnissen und unter der Annahme, daß alle von der Rostfläche ausgehenden Strahlen auf Flächen von zirka 180° C fallen, resultiert, wie schon im ersten Beispiel berechnet, daß von der auf der Rostfläche entwickelten Wärme von 600.000 Kalorien pro Quadratmeter zirka 500.000 Kal. in den Essengasen über dem Rost enthalten sind und die restlichen 100.000 Kal. vom Rost an die ihn umgebenden Flächen fortstrahlen*).

---

*) Diese Ausdrucksweise wurde unter der Voraussetzung, daß das in der Einleitung Gesagte kein Mißverständnis zuläßt, wiederholt verwendet, obwohl sie, streng genommen, nicht ganz einwandfrei

Die Temperatur der strahlenden Rostoberfläche beträgt hiebei zirka 1000° C.

Die ganze von einem Rost des Kessels fortgestrahlte Wärmemenge ist demnach 162.000 Kal. Der größte Teil dieser Wärmemenge fällt auf die über dem Rost befindliche Flammrohrheizfläche. Die Strahlung allein gibt dort eine Dampfproduktion von mehr als 80 kg Dampf pro Quadratmeter im Durchschnitt.

In Fig. 26 ist der Verlauf der Dampfproduktion längs des Flammrohrscheitels unter den hier angenommenen Verfeuerungs- und Verbrennungsverhältnissen graphisch dargestellt. Der Flammrohrscheitel ist hier durch eine gerade Linie bezeichnet; die Wellen sind vernachlässigt und die Dampfproduktion ist auf das glatte Rohr von 900 mm Durchmesser bezogen.

Zunächst ist, von links nach rechts schraffiert, die durch Berührung und Leitung von den Gasen an die Heizfläche übertragene Wärmemenge dargestellt; sie ist an den vorderen Teilen der Heizfläche klein und steigt gegen die über der Feuerbrücke liegenden Teile der Heizfläche an, weil die Gasgeschwindigkeit von vorn gegen das Ende des Rostes zunimmt, wodurch auch der Wärmeübertragungskoeffizient größer wird. Und zwar ist die Zu-

---

ist. Eine Fläche von 1 qm Größe und der absoluten Temperatur T strahlt $C \cdot 10^{-8} \cdot T^4$ Kal. aus, ganz gleichgültig, welche Temperatur sämtliche sie umgebenden bestrahlten Flächen haben. Diese Flächen von der absoluten Temperatur T_1 strahlen aber auch wieder eine Wärmemenge zurück, welche $C \cdot 10^{-8} \cdot T_1^4$ Kal. beträgt. Das Gesamtresultat dieser Strahlung und Wiederstrahlung ist, daß von der heißeren Fläche eine Wärmemenge $W = C \cdot 10^{-8} \cdot (T^4 - T_1^4)$ Kal. auf die kältere gelangt. Es wird dies der Kürze halber so dargestellt, als wenn nur die heißere Fläche die Wärmemenge W strahlen und nur die kältere Fläche die Wärmemenge W aufnehmen würde, obwohl eigentlich beide Flächen strahlen (allerdings die heißere um W Wärmeeinheiten mehr als die kältere) und obwohl beide Flächen bestrahlt werden (allerdings die kältere mit W Wärmeeinheiten mehr als die heißere). Wenn diese tatsächlichen Verhältnisse vor Augen gehalten werden, kann die verkürzte Bezeichnungsart, wenn sie auch nicht ganz fehlerfrei ist, zu keinen falschen Schlußfolgerungen führen.

nahme der Dampfproduktion nicht linear, weil auch der Wärmeleitungskoeffizient mit zunehmender Gasgeschwindigkeit nicht linear, sondern proportional ihrer Wurzel wächst. Am Anfange des Rostes ist die Dampfproduktion durch Berührung und Leitung zirka 3 kg entsprechend einem Wärmeleitungskoeffizienten $K = 2$ bei der Gasgeschwindigkeit $w = 0$, am Ende des Rostes ist die Dampfproduktion durch Berührung und Leitung zirka 39 kg pro Quadratmeter, entsprechend einem Wärmeleitungskoeffizienten $K = 32$ bei der Gasgeschwindigkeit $w = 9$.

Hiezu kommt die der strahlenden Wärme entsprechende Dampfproduktion. Ihr Verlauf längs des Flammrohrscheitels entspricht dem Bilde, wie es schon in Fig. 24 dargestellt ist, da auch hier das Verhältnis der Länge des Rostes zum Flammrohrdurchmesser das gleiche ist, wie dort angenommen. In der Mitte über dem Rost ist die Bestrahlung 69% der vom Rost pro Quadratmeter ausgestrahlten Wärmemenge von 100.000 Kal., was einer Dampfproduktion von 106 kg pro Quadratmeter entspricht. Es ist daher diese Dampfmenge in Fig. 26 in Rostmitte über der durch die Verbrennungsgase erzeugten Dampfmenge von 28 kg aufgetragen. Am Anfang und am Ende des Rostes ist die Bestrahlungsintensität am Flammrohrscheitel 35%, entsprechend einer Dampfproduktion von 54 kg pro Quadratmeter. Insgesamt ist also die Beanspruchung der Flammrohrheizfläche am Scheitel in der Mitte des Rostes 134 kg, am Anfang des Rostes 57 kg, am Ende des Rostes 93 kg pro Quadratmeter Heizfläche.

Dieser in Fig. 26 versinnbildlichte **Verlauf der Heiz-flächenbeanspruchung** gilt natürlich bloß für die Erzeugende des Flammrohres am Scheitel. Längs anderer Erzeugender des Flammrohres ist der Verlauf ein anderer. Das heißt, hinsichtlich der durch Berührung und Leitung von den Gasen abgegebenen Wärmemenge kann die von 3 bis 39 ansteigende Kurve, wie sie für den Flammrohrscheitel gilt, auch für andere Erzeugende als zu-

Die rechteckige Rostfläche im Flammrohr. 71

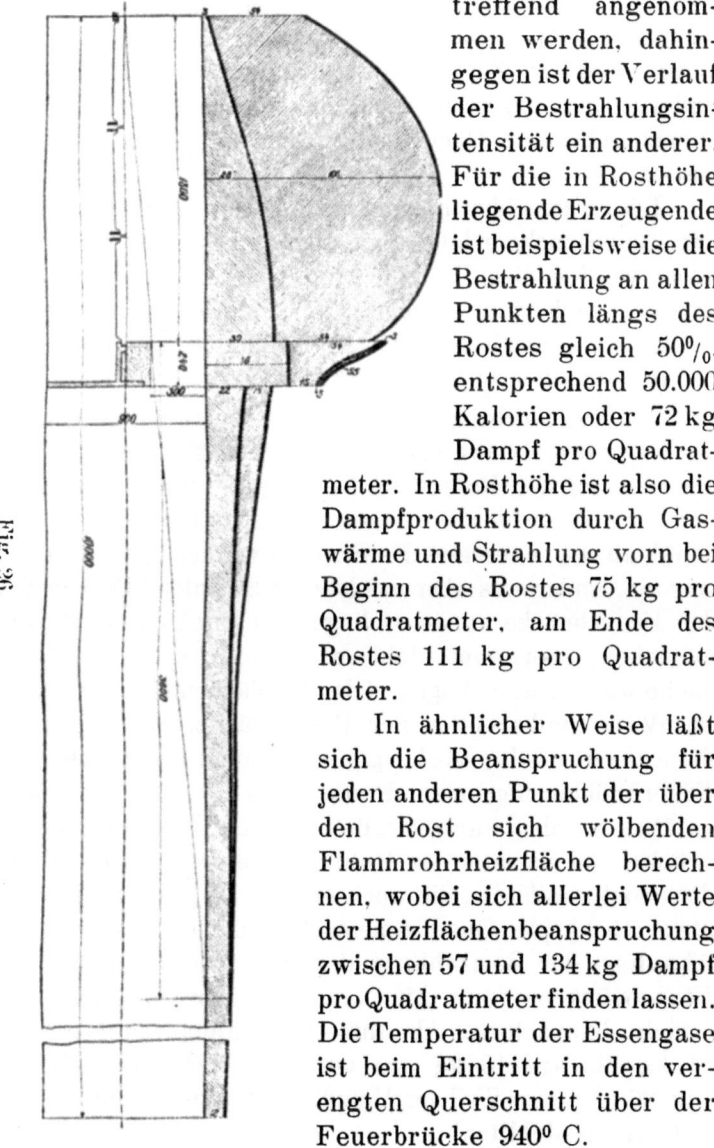

Fig. 26.

treffend angenommen werden, dahingegen ist der Verlauf der Bestrahlungsintensität ein anderer. Für die in Rosthöhe liegende Erzeugende ist beispielsweise die Bestrahlung an allen Punkten längs des Rostes gleich 50%, entsprechend 50.000 Kalorien oder 72 kg Dampf pro Quadratmeter. In Rosthöhe ist also die Dampfproduktion durch Gaswärme und Strahlung vorn bei Beginn des Rostes 75 kg pro Quadratmeter, am Ende des Rostes 111 kg pro Quadratmeter.

In ähnlicher Weise läßt sich die Beanspruchung für jeden anderen Punkt der über den Rost sich wölbenden Flammrohrheizfläche berechnen, wobei sich allerlei Werte der Heizflächenbeanspruchung zwischen 57 und 134 kg Dampf pro Quadratmeter finden lassen. Die Temperatur der Essengase ist beim Eintritt in den verengten Querschnitt über der Feuerbrücke 940° C.

In Fig. 26 ist auch der weitere Verlauf der Dampfproduktion am Flammrohrscheitel über und hinter de Feuerbrücke verzeichnet. Die Verengung des Querschnittes über der Feuerbrücke hat eine große Geschwindigkeit des Gasstromes, zirka 40 m pro Sekunde, zur Folge, wodurch die Wärmeübertragung durch Berührung und Leitung vergrößert wird. Sie beträgt 30.000 Kal., entsprechend einer Dampfmenge von 46 kg pro Quadratmeter.

Die Wärmeübertragung an die Heizflächenteile über der Feuerbrücke erfolgt aber auch durch Strahlung. Und zwar werden diese Heizflächenteile nicht nur vom Rost, sondern auch von der oberen horizontalen Begrenzungsebene der Feuerbrücke, die kurz „Feuerbrückenkamm" genannt werden soll, bestrahlt.

Die Bestrahlung, die vom Rost herrührt, entspricht am Ende des Rostes, also beim Anfang der Feuerbrücke, am Scheitel des Rohres 54 kg Dampf pro Quadratmeter und nimmt von dort an gegen das Ende der Feuerbrücke rapid ab, da einerseits die Strahlenwinkel immer kleiner werden, anderseits aber auch viele Strahlen, die von den der Feuerbrücke zunächst liegenden Punkten des Rostes ausgehen, überhaupt nicht mehr auf Punkte der Heizfläche auffallen; es liegen viele Heizflächenteile sozusagen im Wärmehalbschatten der Feuerbrücke. Die Rechnung, die auf Grund des Vorhergehenden auch für die über der Feuerbrücke liegenden Punkte des Flammrohres ausgeführt werden kann, ergibt, daß am Ende der Feuerbrücke, am Scheitel des Rohres, eine Bestrahlung durch den Rost stattfindet, die noch einer Dampfproduktion von zirka 15 kg pro Quadratmeter Heizfläche entspricht. Die Abnahme der Bestrahlung des Flammrohrscheitels vom Feuerbrückenanfang bis zum Feuerbrückenende entspricht demnach der Abnahme der Dampfproduktion von 54 kg bis auf 15 kg pro Quadratmeter Heizfläche. In Fig. 26 ist dieser Teil der Heizflächenbeanspruchung ebenfalls versinnbildlicht.

Die Bestrahlung durch den Rost reicht auch noch bis zu Heizflächenteilen hin, die jenseits der Feuerbrücke liegen; die letzten vom Rost noch bestrahlten Punkte des

Flammrohrscheitels liegen mehr als 3 m über die Feuerbrücke hinaus. Die in dieser Entfernung liegenden Punkte werden aber nur mehr von einem schmalen Streifen am Anfange des Rostes bestrahlt; es kann sich also nur mehr um geringfügige Bestrahlung und um minimale Wärmemengen handeln. In Fig. 26 ist die Bestrahlung des Flammrohrscheitels auch jenseits der Feuerbrücke in diesem Sinne eingezeichnet.

Die vom Feuerbrückenkamm ausgehende Strahlung unterscheidet sich von allen bisher behandelten Strahlungserscheinungen dadurch, daß die von hier fortgestrahlte Wärme nicht in der strahlenden Fläche selbst erzeugt wird, sondern ihr erst von den vorbeiziehenden Gasen zugeführt werden muß. Die Gase streichen mit der Temperatur von 940 bis 927° C über den Feuerbrückenkamm hinweg und erhalten ihn auf der Temperatur von zirka 540° C, bei welcher er ebensoviel fortstrahlt, als er durch Berührung und Leitung von den Gasen erhält: er strahlt pro Quadratmeter zirka 15.000 Kal., im ganzen also, da er 0,2 qm mißt, 3000 Kal. aus. Diese Wärmemenge ist verhältnismäßig gering. Auf die Mitte der über dem Kamm liegenden Heizfläche fällt, wie die Rechnung auf Grund der vorhergehenden Ausführungen ergibt, eine Wärmemenge pro Quadratmeter, die gleich ist 25% der vom Feuerbrückenkamm pro Quadratmeter ausgestrahlten Wärmemenge, das sind 3750 Kal. pro Quadratmeter, entsprechend einer Verdampfung von zirka 5,5 kg. Die Bestrahlung des Flammrohrscheitels durch den Feuerbrückenkamm nimmt gegen den Anfang und das Ende der Feuerbrücke ab, wie aus der Breite des obersten senkrecht schraffierten Streifens über der Feuerbrücke ersichtlich ist; vor und hinter der Feuerbrücke ist die Bestrahlung des Scheitels durch den Feuerbrückenkamm so gering, daß sie in der Zeichnung vernachlässigt wurde.

Hinter der Feuerbrücke haben die Gase den ganzen Querschnitt des Flammrohres zur Verfügung; sie durchströmen ihn zunächst mit einer Geschwindigkeit von zirka 4,5 m pro Sekunde; gegen das Ende des Flammrohres nimmt die Geschwindigkeit, dem geringen Volumen bei niederer Temperatur entsprechend, ab. Die auf dem Wege durch das Flammrohr hinter der Feuerbrücke durch Berührung und Leitung von den Gasen abgegebene Wärmemenge ist in Fig. 26 in der bekannten Weise dargestellt; es resultiert daraus eine Dampfproduktion von 22 kg knapp hinter der Feuerbrücke und 12 kg pro Quadratmeter am Ende des Flammrohres. Die Gastemperatur ist beim Austritt aus dem Flammrohr 600° C. Diese Ziffern und der durch die betreffende Kurve in der Figur charakterisierte Verlauf der von der Wärme der Essengase herrührenden Dampfproduktion gilt für alle Punkte des Flammrohrumfanges in dem betreffenden Schnitt. Die durch die Strahlung hervorgerufene Dampferzeugung, die über dem vorderen Teil dieser Kurve versinnbildlicht ist, tritt aber nur am Scheitel des Flammrohres auf, nimmt vom Scheitel nach den beiden Seiten hin mehr oder weniger schnell ab und reicht nicht einmal vorn, knapp hinter der Feuerbrücke, tiefer als bis in das Niveau des Feuerbrückenkammes.

Hiemit wäre für jeden Punkt der Flammrohrheizfläche die auf ihn entfallende Strahlungswärme, sowie die gesamte Dampfproduktion pro Quadratmeter ermittelt und an diesem Beispiel die Verwendung der Winkelfunktion und ihre Berechnung auch für die Verhältnisse, wie sie im Flammrohr auftreten, illustriert. Dieses Bild zeigt deutlich den großen Einfluß der Strahlung auf die Beanspruchung der einzelnen Heizflächenteile und die großen Unterschiede, welche hinsichtlich der Dampferzeugung an Heizflächenteilen, welche man sonst als nahezu gleichwertig zu betrachten gewohnt ist, herrschen.

Die ganze Wärmeübertragung an der Flammrohrheizfläche durch Berührung und Leitung und durch Strahlung stellt sich also folgendermaßen dar:

Von der auf dem Rost entwickelten Wärmemenge von 972.000 Kal. werden im Flammrohr übertragen:

I. Durch Strahlung
a) des Rostes   162.000 Kal. (16,6%)
b) des Feuer-
brücken-
kammes   3.400 Kal. (0,4%) 165.400 Kal. (17,0%)
II. Durch Berührung und Leitung
a) über dem Rost 40.500 Kal. (4,2%)
b) über der
Feuerbrücke   7.800 Kal. (0,8%)
c) hinter der
Feuerbrücke 260.000 Kal. (26,7%) 308.300 Kal. (31.7%)
zusammen . . 473.700 Kal. (48,7%)
in den Essengasen von zirka 600° C
sind beim Verlassen des Flamm-
rohres noch enthalten . . . . 498.300 Kal. (51,3%)
972.000 Kal. (100,0%)

Die Essengase geben nach Verlassen des Flammrohres noch an den Mantel des Kessels Wärme ab. Diese Wärmeübertragung erfolgt nur zum Teil durch Berührung und Leitung von den Gasen direkt an die Heizfläche, denn die Züge, durch welche die Gase streichen, sind nicht nur von der Kesselheizfläche, sondern auch von Mauerwerksflächen begrenzt und diese verhalten sich den Gasen gegenüber ähnlich, wie es bei Besprechung der Wärmevorgänge am Feuerbrückenkamm angedeutet wurde: sie nehmen Wärme von den Gasen durch Berührung und Leitung auf und strahlen sie zur Heizfläche hin.

Bei Vorgängen dieser Art kommen zunächst die Temperaturverhältnisse des von den Essengasen geheizten und an die Heizfläche Wärme ausstrahlenden Mauerwerkes in Frage; sie sind einstweilen noch keineswegs als allgemein geklärt zu bezeichnen, denn es finden sich verschiedene Meinungen und Annahmen darüber vor, von denen viele schon durch einfache prinzipielle Bedenken widerlegt werden können. Die Klärung dieser Verhältnisse ist aber für das Studium des Verlaufes der Dampfproduktion längs der von Mauerwerk umgebenen Heizflächen von großer Wichtigkeit; noch wichtiger ist die Mauerwerksstrahlung im Feuerherd selbst, wie sie bei außen gefeuerten Kesseln vorkommt. Auch die Strahlung der Flugasche in den Gaszügen gehört zu dieser Art von Strahlungserscheinungen, welche mit der Wärmeübertragung durch Berührung in innigem Zusammenhange stehen. Hiebei ist aber noch zu berücksichtigen, daß in den Mauerwerksteilen auch noch innere Wärmeleitung auftritt. Es wird also die von den Heizgasen oder durch den strahlenden Feuerherd an einer Stelle an das Mauerwerk übertragene Wärme nur zum Teil durch Strahlung der gegenüberliegenden Kesselheizfläche zugeführt, zum anderen Teile wird sie zunächst im Mauerwerk selbst fortgeleitet, um an einer anderen Stelle das Mauerwerk auf irgendeine Art, etwa wieder durch Strahlung, zu verlassen. Man blickt hier in ein kompliziertes Gewirr von Vorgängen, deren Verlauf, so ruhig und einfach er sich in der Natur abspielt, einer mathematischen Behandlung weitaus größere Schwierigkeiten entgegensetzt, als es bei den Problemen, wo lediglich Strahlung in die Erscheinung tritt, der Fall ist. Nichtsdestoweniger können auch hier nur solche Untersuchungen, die bei der einfachen mathematischen Formulierung eines physikalischen Phänomen einsetzen und bis zu Resultaten geführt werden, die im Großen experimentell zu prüfen sind, Klarheit in diese verwickelten Verhältnisse bringen.

Verlag von Julius Springer in Berlin W 9

Demnächst erscheint:

Die Grundgesetze der Wärmeleitung und ihre Anwendung auf plattenförmige Körper. Von Fritz Krauss, Ingenieur, beh. aut. Inspektor der Dampfkesseluntersuchungs- und Versicherungs-Gesellschaft in Wien. Mit 37 Textfiguren. Preis etwa M 3,—.

Graphische Kalorimetrie der Dampfmaschinen. Von Fritz Krauss, Ingenieur, beh. aut. Inspektor der Dampfkessel-Untersuchungs- und Versicherungs-Gesellschaft in Wien. Mit 24 Figuren. Preis M. 2,—.

Die Thermodynamik der Dampfmaschinen. Von Fritz Krauß, Ingenieur, behördlich autorisierter Inspektor der Dampfkessel-Untersuchungs- und Versicherungs-Gesellschaft in Wien. Mit 17 Textfiguren. Preis M. 3,—.

Technische Thermodynamik. Von Prof. Dipl.-Ing. W. Schüle.
Erster Band: Die für den Maschinenbau wichtigsten Lehren nebst technischen Anwendungen. Mit 244 Textfiguren und 7 Tafeln. Dritte Auflage. In Leinwand geb. Preis M. 15,—.
Zweiter Band: Höhere Thermodynamik mit Einschluß der chemischen Zustandsänderungen, nebst ausgewählten Abschnitten aus dem Gesamtgebiet der technischen Anwendungen. Zweite Auflage. Mit 155 Textfiguren und 3 Tafeln. In Leinwand geb. Preis M. 10,—.

Technische Wärmelehre der Gase und Dämpfe. Eine Einführung für Ingenieure und Studierende. Von Franz Seufert, Ingenieur und Oberlehrer an der Kgl. höheren Maschinenbauschule zu Stettin. Mit 25 Abbildungen und 5 Zahlentafeln. In Leinwand geb. Preis M. 2,80.

Neue Tabellen und Diagramme für Wasserdampf. Von Dr. R. Mollier, Professor an der Technischen Hochschule zu Dresden. Mit 2 Diagrammtafeln. Preis M. 2,—.

Wärmetechnik des Gasgenerator- und Dampfkessel-Betriebes. Die Vorgänge, Untersuchungs- und Kontrollmethoden hinsichtlich Wärmeerzeugung und Wärmeverwendung im Gasgenerator- und Dampfkessel-Betrieb. Von Paul Fuchs, Ingenieur. Dritte, erweiterte Auflage. Mit 43 Textfiguren. In Leinwand geb. Preis M. 5,—.

Die Kessel- und Maschinenbaumaterialien nach Erfahrungen aus der Abnahmepraxis kurz dargestellt für Werkstätten- und Betriebsingenieure und für Konstrukteure von Otto Hönigsberg, Zivilingenieur, Inspektor der k. k. priv. Südbahn-Gesellschaft in Wien, gerichtl. beeid. Sachverständiger und Schätzmeister für Maschinenmaterialien. Mit 13 Textfiguren. Preis M. 2,—.

Zu beziehen durch jede Buchhandlung

MIX
Papier aus verantwortungsvollen Quellen
Paper from responsible sources
FSC® C105338

If you have any concerns about our products,
you can contact us on
ProductSafety@springernature.com

In case Publisher is established outside the EU,
the EU authorized representative is:
**Springer Nature Customer Service Center GmbH
Europaplatz 3, 69115 Heidelberg, Germany**

Printed by Libri Plureos GmbH
in Hamburg, Germany